普通高等教育计算机类课改系列教材

Dreamweaver CS6
网页设计与制作教程

陈敏　罗迪　杨文艺　编著

西安电子科技大学出版社

内 容 简 介

本书全面介绍了网页设计与制作的相关知识和技术，旨在提高学生网页设计与制作的实践操作能力。本书在编写过程中遵循"强化基本操作能力、拓宽适用范围"的指导思想，融入了大量的实例，并且有针对性地将知识点融入实例中。全书共分 9 章，主要内容包括网页设计基础、建立及管理站点、HTML5 基础、表格网页布局、表单、CSS 基础、DIV＋CSS 页面布局、JavaScript 入门、JavaScript 中的对象与事件等，并在各章后面附有项目实训。本书内容翔实、结构清晰、案例丰富、图文并茂。

本书可作为高等院校计算机相关专业的教材，也可以作为从事网页设计与制作相关工作的专业技术人员的参考用书。

图书在版编目(CIP)数据

Dreamweaver CS6 网页设计与制作教程 / 陈敏，罗迪，杨文艺编著. —西安：西安电子科技大学出版社，2021.1(2022.7 重印)

ISBN 978−7−5606−5844−5

Ⅰ. ①D…　Ⅱ. ①陈…　②罗…　③杨…　Ⅲ. ①网页制作工具

Ⅳ. ①TP393.092.2

中国版本图书馆 CIP 数据核字(2020)第 143216 号

责任编辑　万晶晶　李鹏飞

出版发行　西安电子科技大学出版社(西安市太白南路 2 号)

电　　话　(029)88202421　88201467　　　　邮　　编　710071

网　　址　www.xduph.com　　　　　　　电子邮箱　xdupfxb001@163.com

经　　销　新华书店

印刷单位　咸阳华盛印务有限责任公司

版　　次　2021 年 1 月第 1 版　　2022 年 7 月第 2 次印刷

开　　本　787 毫米×1092 毫米　1/16　印 张　15

字　　数　353 千字

印　　数　2001～4000 册

定　　价　35.00 元

ISBN 978－7－5606－5844－5 / TP

XDUP 6146001−2

如有印装问题可调换

前　言

随着计算机技术的高速发展，互联网已成为人们日常生活中重要的组成部分，也是信息发布和宣传的一种重要方式，因此社会对网站开发技术人员的需求与日俱增。

网页设计与制作包含了多种技术，如网页版面设计、网页色彩搭配、表格网页布局、框架页面布局、CSS、DIV+CSS 布局、JavaScript 等。

本书按照实际教学需求，合理安排知识结构，层次清晰，内容翔实，通俗易懂，使学习者能够快速且全面地掌握网页设计与制作的相关技术，并能融汇贯通、灵活应用。全书共分为 9 章，下面简要介绍各章内容。

第 1 章为网页设计基础，主要介绍了网页基本概念、网页设计基础以及 Dreamweaver CS6 的安装与使用。

第 2 章为建立及管理站点，主要介绍了如何建立站点、管理和编辑站点、发布网站以及网站的更新和升级等相关知识。

第 3 章为 HTML5 基础，主要介绍了 HTML5 概述、HTML5 格式化标签、图像标签、超链接标签、表格标签、列表标签、其他标签的语法结构和使用技巧。

第 4 章为表格网页布局，主要介绍了表格创建、表格样式设置、表格布局网页等知识。

第 5 章为表单，主要介绍了表单标签、表单标签使用技巧，并通过相关案例对表单中的各个对象进行了介绍。

第 6 章为 CSS 基础，主要介绍了 CSS 概念、CSS 语法、用 CSS 美化网页等相关知识。

第 7 章为 DIV+CSS 网页布局，主要介绍了<div>标签、<span>标签、CSS 盒模型、CSS 中的几种定位方式、DIV+CSS 布局等相关知识。

第 8 章为 JavaScript 入门，主要介绍了 JavaScript 概念、JavaScript 语法基础、变量和基本数据类型、运算符与表达式、程序控制语句、函数等知识。

第 9 章为 JavaScript 中的对象和事件，主要介绍了 JavaScript 内置对象、浏览器对象和事件处理的相关知识。

本书由重庆机电职业技术大学信息工程学院教师编写，参与本书编写的作者均是多年从事一线教学的专业教师，具有丰富的教学经验。其中第 1、2、6、7 章由罗迪编写，第 3、

5 章由陈敏编写，第 4、8、9 章由杨文艺编写，陈敏负责本书的策划、审阅、统稿和排版。信息工程学院院长张旭东教授、教务处处长江信鸿对本书的编写工作给予了大力指导和支持，在此表示衷心的感谢。

由于编写时间仓促，加之信息技术更新快，书中难免有不足或疏漏之处，恳请读者批评指正。

编　者

2020 年 4 月

目　　录

第1章　网页设计基础

本章简要介绍网页设计的基础知识，包括网页的基本概念、网页设计基础以及 Dreamweaver CS6 的安装等。

本章要点

- 了解网页基本概念
- 熟悉网页构成元素、设计原则、版面设计和色彩搭配原则
- 掌握 Dreamweaver CS6 的安装与使用

1.1　网页基本概念

1.1.1　网页分类

网页是存放在 Web 服务器上供客户端用户浏览的文件，它可以是由 HTML(超文本标记语言)或其他语言编写而成的。网页里包含文字、图片、超级链接、声音及视频等信息。

网页是构成网站的基本元素，从技术上可分为静态网页和动态网页两种。

1. 静态网页

静态网页是指客户端浏览器发送 URL 请求给 WWW 服务器，服务器查找需要的超文本文件，然后不加处理地直接返回给客户端。

静态网页上也可以出现各种视觉动态效果，如 GIF 动画、Flash 动画、滚动字幕等，但这只是视觉动态效果而已，不具备与客户端进行交互的功能。静态网页的内容是固定不变的，如果需要更新内容，则必须经过重新设计。静态页面常以 .html 或者 .htm 为扩展名。静态页面如图 1-1 所示。

图 1-1　静态页面

2. 动态网页

动态网页并不是指具有动画效果的网页，而是指网页的内容能够根据不同情况动态变换。一般情况下，动态网页通过数据库进行架构。除了要设计网页外，还要通过数据库和编写程序来使网页具有更多自动和高级的功能。动态网页一般是以 asp、jsp、php、aspx 等为扩展名。动态页面如图 1-2 所示。

图 1-2　动态页面

动态网页对服务器空间配置要求比静态网页要求高，费用也相对较高，不过动态网页有利于网站内容的更新，适合企业建设网站。当前常用的动态网站开发技术有 ASP.NET、PHP、JSP 等。

1.1.2　网页常用术语

在学习 Web 开发技术之前，需要掌握和了解常用的 Web 概念。下面将对常用 Web 概念的基本知识进行简要介绍。

1. 万维网(WWW)

WWW(World Wide Web，有时也简称为 Web)中文名称为万维网，它是由欧洲量子物理实验室 CERN(the European Laboratory for Particle Physics)于 1989 年开发成功的。

WWW 建立在客户机和服务器(C/S)模型之上，通过超文本传输协议 HTTP 把包括文本、声音、图形、图像和视频信号等各种类型的信息聚合在一起，这样用户就能通过 Web 浏览器访问各种信息资源。

WWW 作为 Internet 的重要组成部分，它的出现大大加快了人类社会信息化的进程，它是目前发展最快、应用最广泛的服务。

2. 超文本传输协议(HTTP)

HTTP(超文本传输协议)是目前网络世界里应用最为广泛的一种网络传输协议，也是用于从万维网服务器传输超文本到本地浏览器的传输协议。因为 HTTP 能够满足 WWW 系统客户与服务器通信的需要，所以它是 WWW 发布信息的主要协议。它规定了浏览器如何通过网络请求 WWW 服务器以及服务器如何响应回传网页等。

3. 统一资源定位符(URL)

URL，即统一资源定位符，也就是通常所说的网页地址。它是一种 WWW 上的寻址系统，用来使用统一的格式来访问网络中分散在各地的计算机上的资源。一个完整的 URL 地址由协议名、Web 服务器地址、文件在服务器中的路径和文件名等 4 部分组成。

4. 浏览器

浏览器是一种用来查阅互联网文字、影像及其他信息的工具，其作用是显示网页服务器或档案系统的文件，并使浏览者可与这些文件互动。

浏览器的种类很多，从内核上可分为以下 4 种：

(1) IE 内核，例如 IE、Greenbrowser、Maxthon2、世界之窗、360 安全浏览器和搜狗浏览器等。

(2) Chrome 内核，例如 Chrome(谷歌浏览器)。

(3) 双核(IE 和 Chrome/ Webkit 内核)，例如 360 高速浏览器、搜狗高速浏览器。双核的意思是一般网页用 Chrome 内核(即 Webkit 或高速模式)打开，像网银等指定的网页用 IE 内核打开，并不是一个网页同时用两个内核处理。

(4) Firefox，用于 Firefox 浏览器中，开放源代码，支持各种操作系统。

不同的浏览器对于 HTML 的解释不同，进行网页测试时需要在不同的浏览器下进行，这样才能保证不同的用户看到的网页效果相同。

5. 超文本标记语言(HTML)

HTML 是一种用来制作超文本的简单标记语言。超文本就是指页面内可以包含图片、链接、音乐、程序等非文字元素，它是构成 Web 网页的主要工具。

HTML 文本是由 HTML 命令组成的描述性文本。HTML 命令用于说明文字、图形、动画、声音、表格、链接等。它的结构包括头部(Head)、主体(Body)两大部分，其中头部描述浏览器所需的信息，而主体则包含所要说明的具体内容。

6. CSS

CSS(Cascading Style Sheets)可译为"层叠样式表"。它是一组格式设置规则，用于控制 Web 页面的外观。通过使用 CSS 样式设置页面的格式，可将页面的内容与表现形式分离。

(1) CSS 针对页面中对象的风格和样式进行定义。样式就是格式，对于网页来说，网页中显示的文字大小、颜色、图片位置、段落、列表等都是网页显示的样式。层叠是指当 HTML 文件中引用了多个 CSS 时，如果 CSS 的定义发生冲突，浏览器将依据层次的先后顺序来应用样式。如果不考虑样式的优先级，则一般会遵循"最近优选原则"。

(2) CSS 使得 HTML 各标记的属性更具有一般性和通用性。CSS 能将样式的定义与 HTML 文件的内容分离。只要建立样式表文件，并且让所有的 HTML 文件都调用所定义的样式表，即可改变 HTML 文件的显示风格。建立样式表的真正意义在于把对象真正引入

HTML，使得网页可以使用脚本程序(如 JavaScript、 VBScript)调用对象属性，并且可以改变对象属性达到动态的目的，这在以前的 HTML 中是无法实现的。

1.2 网页设计基础

1.2.1 网页构成元素分析

要学习网页设计与制作，首先要认识网页，了解其中的常用元素，以便更加合理地对网页进行设计和安排。一般网站的页面都由网站 Logo、网站 Banner、导航栏、文本、图像、超级链接、表格等元素组成。

1. 网站 Logo

网站 Logo 即标志，在企业形象传递过程中应用最广泛、出现频率最高，同时也是最关键的元素。网站 Logo 是一种独特的传媒符号，作为企业或网站传播形象的视觉文化语言，是网站形象的重要体现，也是网站链接以及其他网站链接的标志和门户。

2. 网站 Banner

网站 Banner 即横幅广告，它是互联网广告中最基本的广告形式。Banner 可以位于网页顶部、中部或底部任意一处，一般横向贯穿整个或者大半个页面。它既可以使用静态图形，也可以使用动画图像。

3. 导航栏

导航栏是网页的重要组成元素。简洁、清晰、合理的导航栏设计能够帮助浏览者在站点内快速查找信息。

4. 文本

文本是网页内容最主要的表现形式。无论制作网页的目的是什么，文本都是网页中最基本和必不可少的元素。与图像相比，文本虽然不如图像那样对浏览者有吸引力，但却能准确地表达信息的内容和含义。

5. 图像

图像是文本的说明和解释，使文本清晰易读，网页更有吸引力。在网页中可以使用 GIF、JPEG 和 PNG 等多种图像格式，其中使用得最广泛的是 GIF 和 JPEG 两种格式。

6. 超级链接

超级链接是网页中最重要、最根本的元素。在一个网页中用来制作超链接的对象可以是一段文本或是一个图片。当浏览者单击已经实现超链接的文字或图片后，链接目标将显示在浏览器中，并且根据目标的类型来打开或运行。

1.2.2 网页设计基本原则

好的网页设计能够给用户一个良好的使用体验。新时代的网页设计充满了各种新技术，例如新的 jQuery 脚本、响应式网页设计等，但我们依然不能忽略最基本的网页设计原则。

1. 网站内容一目了然

绝大多数用户在浏览信息时都是快速扫视，因此信息的展现一定要直观、清晰、一目了然。我们可以借助信息图表和视觉特效，更快、更准确地传达信息和数据。

2. 围绕用户体验来进行整体设计

要创造轻松舒适的用户体验，自然要围绕用户体验本身来设计。数据和内容也应该是服务于体验的，它们应该以什么样的方式去呈现，这是设计者需要反复思考和琢磨的问题。

3. 一致性

一致性是指网站整体结构和风格要保持统一。要保持一致性，可以从页面的排版进行设计：如各个页面使用相同的页边距，文本、图形之间保持相同的间距；主要图形、标题或符号旁边留下一致的空白；使用图标导航时各个页面应当使用相同的图标。

页面中的每个元素与整个页面以及站点的色彩和风格也应该保持一致。所有的图标都应当采用相同的设计风格，比如全部采用图像的线条剪辑画或写实的照片等。

4. 有清晰的视觉层级

优秀的设计师不光会创建内容，还应知道如何高效组织内容，传递信息。视觉层级对于信息呈递来说异常重要，优秀的视觉层级还能帮助设计师强化设计理念。

5. 为用户节省时间

一个好的网站其加载速度不能多于 8 秒钟，所以在进行网站设计的时候一定要把代码尽可能简化，例如减少对 CSS、JS 的调用以及网站图片、视频的使用，最为关键的是网站的版面设计一定要清楚简洁，在进行设计的时候不妨使用一些比较简单的元素来提升网页的可读性。

1.2.3　网页版面设计原则

版面设计也可以理解为布局设计，就是我们在浏览器上看到的一个完整的页面效果。设计师如何将所有要体现的内容有机地整合和分布，达到一定的视觉效果，这就叫作版面布局。网页布局的方式主要从用户使用的方便性、界面简洁有特色、有效的色彩设计等方面考虑。我们经常用到的版面布局方式有以下几种。

1. POP 布局

POP 布局进行页面设计时通常以一张海报作为布局的主体。精选图被用作整个网站结构和架构的基础。由于此布局中缺少其他元素，精选图会引起用户对产品的完全关注。POP 布局举例如图 1-3 所示。

图 1-3　POP 布局

2. 分屏布局

分屏布局时网页可以同时展示两个同等重要的内容信息，如图 1-4 所示。此外，可以将两种信息相互对立，创造出完美的对比，以吸引更多访客的目光。分屏布局再加上呼应的动画，可为网站营造出更加精致的体验。

图 1-4　分屏布局

3. 通栏布局

通栏布局方式让视觉不再受到方框的限制，主视觉部分还可以灵活处理，既可以向上拓展到 Logo 和导航的顶部位置，也可以向下拓展到内容区域，显得非常大气。通栏布局举例如图 1-5 所示。这种布局方式也是非常常见的布局方式，但对于信息量大的网站不太适用。

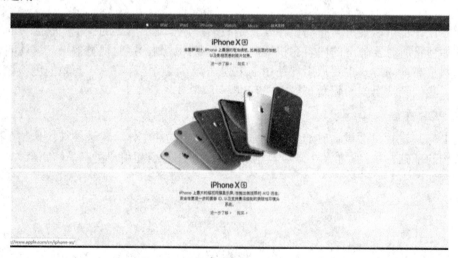

图 1-5　通栏布局

4. F 式布局

F 式布局就是将网页重要内容放在左侧，遵循用户的阅读习惯从页面的左上角浏览到右上角，页面左侧用户视线停留时间较长，页面右侧用户视线停留时间相对较短。大部分电商平台都选择了 F 式布局，如图 1-6 所示。信息量丰富的网站会选择这种类型的布局。

图 1-6　F 式布局

5. "国"字或"同"字布局

"国"字或"同"字布局一般是网页最上面是网站的标题、导航以及横幅广告条，下方是网站的主要内容；页面左右分列一些小条内容，中间是主要内容部分，与左右页面内容一起罗列到底；最下面是网站的一些基本信息、联系方式、版权声明等。这种布局的优点是充分利用版面，信息量大，缺点是页面拥挤，不够灵活。这种结构是我们在网上见到最多的一种结构类型，常用于门户网站的设计。"国"字或"同"字布局举例如图 1-7 所示。

图 1-7　"国"字或"同"字布局

1.2.4 网页色彩搭配原则

在网页制作中，色彩是一个非常重要的元素。合理地安排色彩，页面才能有效吸引用户，各种信息才能正确地传达。进行网页设计时，需要考虑页面背景、图片选择、文字颜色、以及鼠标经过文字时的颜色等各种与色彩搭配有关的问题，下面将介绍关于网页色彩搭配设计的相关知识。

1. 色彩基本概念

(1) 自然界中的色彩五颜六色，千变万化，最基本的三种色彩为红、黄、蓝，其他的色彩都可以由这三种颜色调和而成，这三种颜色即"三原色"。

(2) 色彩三要素。色相、明度、饱和度是色彩最基本的三要素。色相指色彩的相貌。明度是指颜色的明亮程度，亮度越高，越接近白色。饱和度代表颜色的鲜艳程度，饱和度越高颜色越鲜艳。

(3) 色彩的冷暖。青、绿、蓝这一类色彩使人联想到冰、雪、海洋、蓝天，产生寒冷的心理感受，通常就把这类色彩界定为冷色。橙、红、黄这一类色彩使人想到温暖的阳光、火、夏天，产生温热的心理效应，故将这一类色彩称为暖色。

冷暖本来是人的机体对外界温度高低的感受，但由于人对自然界客观事物的长期接触和生活经验的积累，使我们在看到某些色彩时就会在视觉与心理上建立一种联系，产生冷或暖的条件反射。这样，绘画色彩学和设计色彩学中便引申出"色彩的冷暖"，应用于实际视觉画面，就构成了可感知的色彩的"冷暖调"。

(4) 色彩的联想。

红色是火的色彩，代表着热情奔放。在主要由红色成分构成的色彩中，粉红色象征浪漫，暗红色象征神秘，桃红色象征时尚、明亮。在网页设计中，红色多用以展示化妆品、母婴用品等。

黄色象征日光，如金色的太阳。不同纯度和明度的黄色象征不同的视觉效果，金黄色象征麦田、收获，浅黄色预示柔弱。

绿色正好是大自然草木的颜色，所以绿色意味着自然、生命、生长，同时绿色也象征着和平，在交通信号中又象征着前进与安全。但在西方国家绿色还意味着嫉妒、恶魔。

蓝色是色彩中比较沉静的颜色，它是现代商务领域常用的流行色，例如很多科技类网站都使用蓝色作为主题色。

黑、白、灰色是万能色，可跟任意一种色彩搭配。当感觉两种色彩搭配不协调时，可尝试加入黑色或者灰色。白色是网站用得最普遍的颜色。很多网站甚至留出大块白色空间，这就是留白的艺术。白色给人无限遐想的空间，也能让视觉更加集中在主题内容上，使人心情舒畅，对于协调页面也起到均衡的作用。

2. 网页色彩搭配原则

(1) 突出主题：根据网站类型来进行页面色彩的搭配，既突出主题又能满足浏览者的视觉美感，能够帮助浏览者对网站类型进行快速判断。

(2) 色彩的独特性：要有与众不同的色彩。网页的用色必须要有自己独特的风格，这样才能给浏览者留下深刻的印象，增强企业或者网站的辨识性。

（3）色彩的艺术性：网站设计是一种艺术活动，因此必须遵循艺术规律。按照内容决定形式的原则，在考虑网站本身特点的同时，应大胆进行艺术创新，设计出既符合网站要求，又具有一定艺术特色的网站。

（4）色彩搭配的合理性：色彩要根据主题来确定，不同的主题应选用不同的色彩。例如用蓝色体现科技型网站的冷静、专业，用绿色体现食品、药品的安全、稳定。

3. 网页色彩搭配方法

（1）网站主题色。

在网页设计之初，首先要考虑的就是要确定网站的主体颜色，一般会根据网站的类别和网页的风格进行大致颜色取向。在页面上除白色为背景外，大量使用的颜色就是这个网页的主体颜色(即主题色)。如图 1-8 所示，良品铺子网站选用红色作为主题色。农业类网站一般都会选择绿色。艺术类的网站大都选择色彩张扬的颜色或黑色。

图 1-8　良品铺子网站主题色

（2）网页背景色。

网页背景色是指网页中大块面积的表面色。在人们的脑海中，有时看到色彩就会想到相应的事物。在网页中，第一眼看到的往往是色彩，例如蓝色象征着大海、宁静、科技感，因此用户不需要看主题字，就会知道这个画面在传达着什么信息，简洁明了。目前网页背景所使用的颜色主要包括白色、纯色、渐变色等几种类型。

（3）网页辅助色。

一般来说，一个网页不止一种颜色。除了具有主题表达以及视觉中心作用的主题色之外，还有一类陪衬主题色或与主题色互补的辅助色。

在网页中为主题色搭配辅助色，可以使网页画面产生动感，既能够突出网页的主题色，又能丰富网页整体视觉效果。

（4）网页点缀色。

网页点缀色是指网页中面积较小易于变化的颜色，如图片、文字、图标以及其他网页装饰颜色。点缀色常用强烈的色彩，如对比色或高纯度色彩来表现，以打破单调的网页整体效果。在少数情况下，为了特别营造低调的整体氛围，点缀色也可以选择与背景色接近的色彩。

在网页设计配色时，尽量控制在三种色彩以内。选择了主体色之后，再配以相近的配色，如黄色配以淡黄色，深粉配以淡粉色，这样容易让网页色彩和谐统一。

网页头部：可以采用主题色的反色，一般采用深色，放在方便浏览者第一时间能看到的位置。

正文：网页的正文部分要求对比度要高一些，比如白底配深灰色字，黑底配淡灰色字。

导航栏：选择深色的背景色和背景图像，再配以反差强的文字颜色，可以清晰、准确地引导浏览者的视线。

1.3　Dreamweaver CS6 的安装与使用

Dreamweaver CS6 是一款功能强大的可视化网页编辑与管理软件，使用该软件可以高效地设计、开发和维护网站。Dreamweaver CS6 支持基于 CSS 的设计和手工编码，可提供专业化集成、高效的开发环境和完备的工具，开发人员可以使用 Dreamweaver CS6 及所选择的服务器技术来创建功能强大的 Internet 应用程序，从而使用户能连接到数据库、Web 服务器等。

1.3.1　Dreamweaver CS6 的安装

Dreamweaver CS6 的安装步骤为：

(1) 下载完安装文件后，双击打开下载好的 Dreamweaver CS6 压缩包进行解压。

(2) 双击打开 Dreamweaver CS6 文件夹，并找到 Set-up.exe 文件单击打开，如图 1-9 所示。

图 1-9　打开 Dreamweaver CS6 文件夹

(3) 文件初始化完成之后，弹出"欢迎"界面，在此界面中选择"安装"按钮，如图 1-10 所示。

图 1-10　"欢迎"界面

（4）弹出"Adobe 软件许可协议"界面，在此界面中单击"接受"按钮，如图 1-11 所示。

图 1-11　"Adobe 软件许可协议"界面

（5）弹出"序列号"输入界面后输入合法序列号，并单击"下一步"按钮，如图 1-12 所示。

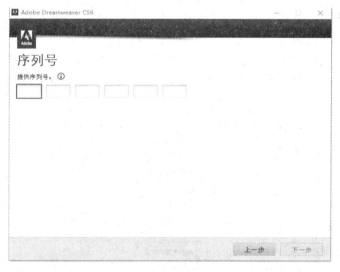

图 1-12　"序列号"输入界面

（6）在弹出的选项中选择安装目录，然后单击"安装"按钮。

（7）在弹出的"安装"界面中会显示安装进度条，安装完成后弹出"安装完成"界面。

（8）单击"立即启动"按钮，Dreamweaver CS6 安装成功。

1.3.2　利用 Dreamweaver CS6 新建网页文件

利用 Dreamweaver CS6 新建网页文件步骤为：

（1）打开 Dreamweaver CS6 界面，如图 1-13 所示。

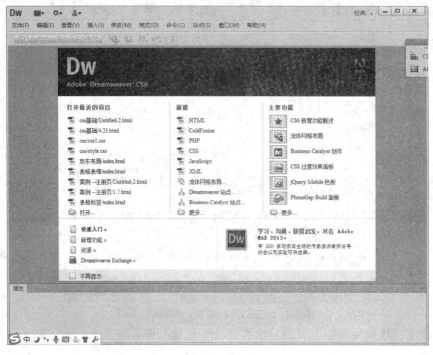

图 1-13　Dreamweaver CS6 界面

　　(2) 创建空白页面，单击"文件"菜单命令，在打开的下拉列表中选择"新建"命令，弹出"新建文档"对话框。

　　(3) 在"页面类型"列表中默认选中"HTML"，在"布局"列表中默认选中"<无>"，"文档类型"选择"HTML 5"，单击"创建"按钮，如图 1-14 所示。

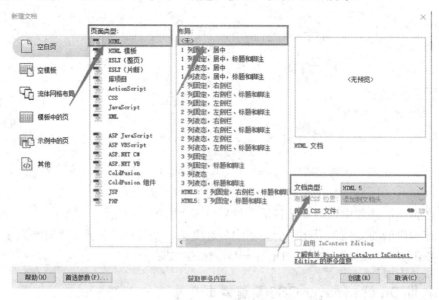

图 1-14　新建文档

　　(4) 在 Dreamweaver CS6 的文档窗口区域创建了一个名为"Untitled-1.html"的网页文档，即是 Dreamweaver CS6 的工作界面，如图 1-15 所示。

图 1-15　新建 Untitled-1.html 的网页文档

（5）当前的文档中默认的标题名称是"无标题文档"，该名称会显示在网页的标题栏中，我们可以将标题改为自己需要的标题名。如将标题名称改为"我的第一个网页"，如图 1-16 所示。

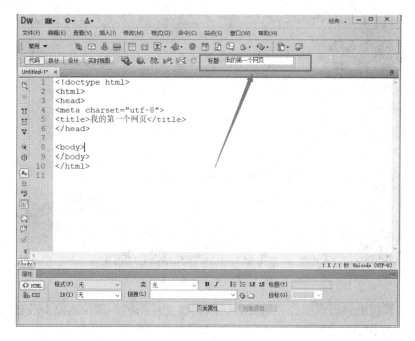

图 1-16　修改文档标题名称

（6）在<body>…</body>标签之间添加文本"欢迎来到我的页面!"，如图 1-17 所示。

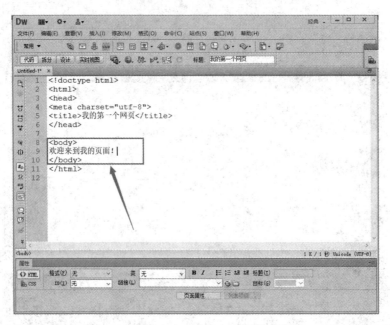

图 1-17　添加文本"欢迎来到我的页面！"

　　(7) 执行"文件"→"另存为"命令，弹出"另存为"对话框，选择要保存的位置和输入相应的文件名，文件名为"first.html"，单击"保存"按钮，如图 1-18 所示。

图 1-18　"另存为"界面

　　(8) 在计算机上找到刚刚保存的文件，双击该文件图标，浏览刚刚制作的网页效果。浏览器上标题栏应显示"我的第一个网页"，即是我们在标题中设置的文本，页面中显示的"欢迎来到我的页面！"即是我们在<body>…</body>中输入的文本，如图 1-19 所示。第一个网页创建成功。

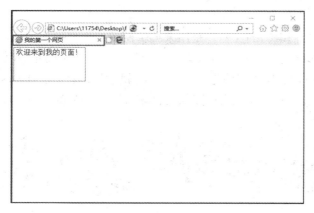

图 1-19　网页浏览效果

1.3.3　Dreamweaver CS6 用户界面介绍

Dreamweaver CS6 用户界面主要由菜单栏、文档工具栏、文档窗口、属性面板、浮动面板组等工具构成，这些工具可以根据自己的需要来选择显示还是隐藏，如图 1-20 所示。

图 1-20　Dreamweaver CS6 用户界面

1. 菜单栏

菜单栏里面包含有 Dreamweaver CS6 的绝大部分命令，即"文件""编辑""查看""插入""修改""格式""命令""站点""窗口"和"帮助"等。

2. 文档工具栏

文档工具栏里面主要包含"代码"视图、"设计"视图、"拆分"视图、"实时视图"等工具按钮。工具栏中还包含查看文档、在本地和远程站点传输文档等有关的常用命令和选项。

3. 文档窗口

文档窗口显示当前编辑的文档，是用来编辑网页的主要操作区域。Dreamweaver CS6 提供了三种文档窗口显示模式：设计视图是一个用于可视化页面布局/可视化编辑和快速应用程序开发的设计环境；代码视图是一个用于编写和编辑 HTML、JavaScript 等的手工编码环境；拆分视图是设计视图和代码视图的结合，可以在一个窗口同时看到两种视图并存，如图 1-21 所示。

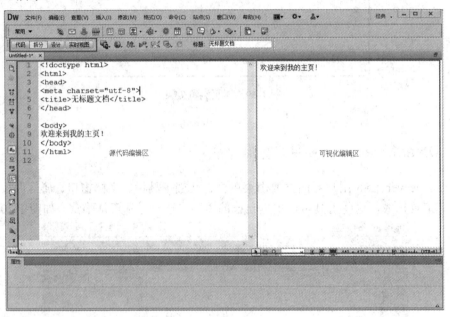

图 1-21　拆分视图的文档窗口

4. 属性面板

属性面板主要用于查看和更改所选对象的各种属性。每种对象都具有不同的属性，如果当前选择了一幅图，属性面板上就会出现该图像的相关属性信息；如果选择了文本，属性面板就会相应的变成文本的相关属性。

5. 浮动面板组

CSS、应用程序、文件、框架、历史记录等被称为浮动面板，这些面板根据功能分成了若干组，可以通过"窗口"命令有选择地打开或隐藏。

本 章 小 结

本章主要介绍了网页的基本概念、网页的分类和相关术语、网页构成的基本元素、网页设计以及网页版面、色彩搭配的基本原则、Dreamweaver CS6 的安装和操作界面和如何使用 Dreamweaver CS6 新建网页文件。通过本章的学习，我们可掌握网页的相关概念，对网页设计有了基本的认识和一定的了解。

项　目　实　训

实训　用 Dreamweaver CS6 创建欢迎页面，如图 1-22 所示。

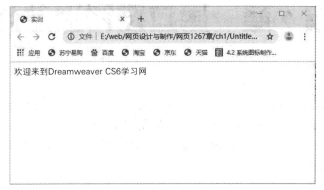

图 1-22　欢迎页面

网页参考代码：

```
<!doctype html>
<html>
    <head>
        <meta charset="utf-8">
        <title>欢迎来到 Dreamweaver CS6 学习网</title>
    </head>

    <body>
        欢迎来到 Dreamweaver CS6 学习网！
    </body>
</html>
```

第 2 章　建立及管理站点

　　了解 Dreamweaver CS6 的基本功能后，我们就可以进行站点的实际建立了。通过 Dreamweaver CS6 可以实现对远程站点和本地站点的管理功能。通过本章的学习，我们可以了解到如何规划站点，如何用 Dreamweaver 创建、管理和编辑站点以及网站的发布、更新和维护等相关知识。

本章要点

- 掌握建立站点的方法
- 掌握管理和编辑站点
- 了解发布站点的方法
- 熟悉站点的更新和维护

2.1　建立站点

2.1.1　规划站点

1. 规划站点类型

　　创建 Web 站点的第一步是站点规划。为了达到最佳效果，在创建任何 Web 站点页面之前应对站点的结构进行设计和规划，然后配置 Dreamweaver，这样就可以在站点的基本结构上正常工作。

　　Dreamweaver CS6 提供了 3 类站点，即本地站点、远程站点和测试服务器文件夹。本地站点和远程站点能够实现在本地磁盘和 Web 服务器之间传输文件，以便轻松管理 站点中的文件。测试服务器文件夹用于动态页面调试。

　　(1) 本地站点：本地站点保存的是工作目录，也就是存放网页的本地文件。Dreamweaver 将该文件夹作为 Web 站点的本地站点，它可以放在本地计算机上，也可放在网络服务器上。在制作一般网页时，只需建立本地站点即可。

　　(2) 远程站点：远程站点是存储用于测试、生产、协作等文件的地方。具体是哪些文件，取决于开发环境。Dreamweaver CS6 在"文件"面板中将该文件夹称为"远程站点"的情况下，远程文件夹位于运行 Web 服务器的计算机上。

　　(3) 测试服务器文件夹：测试服务器文件夹是 Dreamweaver CS6 处理动态页面的文件夹。Dreamweaver CS6 使用此文件夹生成动态内容，并在工作时连接到数据库。它主要在动态页面进行测试时使用。

2. 规划站点结构

了解 Dreamweaver 站点的相关知识后，接下来应该对网站进行规划。确定好建站目的和站点服务对象，以及配置好站点的软/硬件环境之后，工作重点就是组织站点结构。

合理地组织站点结构能加快站点的设计，提高工作效率。创建大型网站时，如将所有的网页文件都存储在一个目录下，站点规模会越来越大，将非常难以管理，因此应合理地使用文件夹管理网页。

通常在制作站点时，首先在本地硬盘创建一个文件夹，然后将创建站点的过程中所创建和编辑的网页文件都保存到该文件夹中。当准备发布站点时，将这些网页文件上传 Web 服务器即可。如果在本地对站点做了修改，应将其上传到 Web 站点进行更新。规划站点结构包括以下 3 个方面的内容：

(1) 归类站点内容。

一般情况下，把相关的网页放在同一文件夹中。例如创建一个大型的关于网页制作的网站，包括网页教程、网页制作软件、网页素材库等栏目，可把如"Dreamweaver 教程""Flash 教程""Frontpage 教程"等网页放在"网页教程"栏目中，把"特效软件""网页制作软件""动画制作软件"等网页放在"网页制作软件"栏目中。将网页内容分类、归纳以后，整个网站的层次将一目了然，使管理、维护更加方便。

(2) 确定项目放置的位置。

在站点中，除了基本的网页文件外，通常还包括图像、动画、模板文件等资源，这些内容也应分类，并采用有效的方式进行存储，以便更好地管理和使用资源。在实际制作过程中，有两种方法保存这些内容：一种方法是在整个站点中只保存一个图像文件夹、一个模板文件夹、一个动画文件夹，整个站点中的文件都保存在相应的文件夹中；另外一种方法是在每个子栏目中分别建立图像、动画、模板等文件夹，相应的图像、动画、模板分别保存在各自栏目的文件夹中。

(3) 使本地站点与远程站点的结构统一。

为了便于管理本地站点和远程站点，应该调整这两类站点的结构，使其保持一致性。做好站点结构并上传到远程站点时，就能清楚地了解远程站点的结构，而不需要上网查。

2.1.2　创建本地站点

在 Dreamweaver CS6 中建立本地站点步骤如下：

(1) 在本地电脑硬盘上建立一个文件夹，如在 D 盘上建立名为"myweb"的文件夹。

(2) 打开 Dreamweaver CS6 软件，执行窗口"站点"→"新建站点"命令，如图 2-1 所示。

(3) 在弹出"站点设置对象"对话框的"站点"栏中，"站点名称"文本框输入站点名称第一个网站，"本地站点文件夹"选项栏中选择刚刚创建的文件夹"D:\myweb\"，如图 2-2 所示。

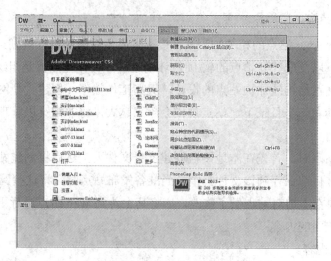

图 2-1　新建站点

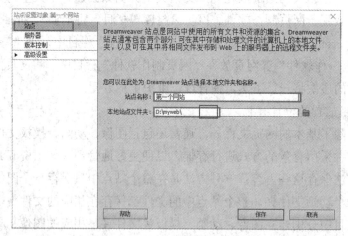

图 2-2　设置"站点设置对象"对话框

（4）在"站点设置对象"对话框左侧"服务器"选项中，设置用于承载 Web 上的网页的服务器，如图 2-3 所示，单击"+"按钮添加远程服务器。

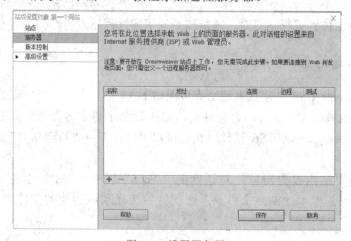

图 2-3　设置服务器

（5）在左侧"版本控制"选项中，设置客户端访问服务器中网页对应的协议、端口、服务器地址等内容，如图 2-4 所示。

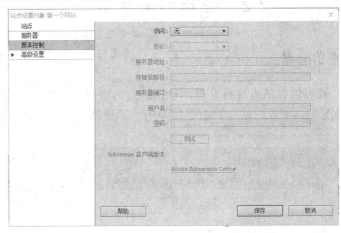

图 2-4　设置版本控制

（6）在左侧"高级设置"中，对站点的信息、字体等进行设置，如图 2-5 所示。

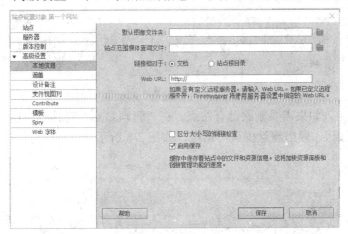

图 2-5　设置本地信息

（7）设置好后单击"保存"按钮，在弹出的"文件"面板中可以看到新创建的站点中的文件夹，如图 2-6 所示。

图 2-6　"文件"面板

2.2　管理和编辑站点

2.2.1　本地站点的管理

创建站点后，就可以对站点进行管理，包括站点的新建、编辑、复制、删除等。

(1) 执行"站点"→"管理站点"命令，弹出"管理站点"对话框，如图 2-7 所示。

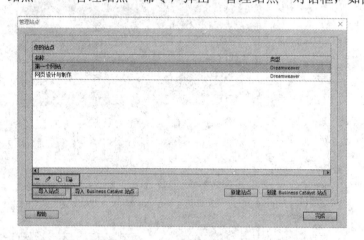

图 2-7　"管理站点"对话框

(2) 删除站点。如果需要删除已有站点，在"管理站点"对话框中选中要删除的站点，然后单击"−"按钮，弹出删除确认对话框，如图 2-8 所示。单击"是"按钮，可将站点删除。

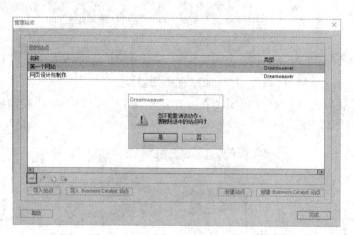

图 2-8　删除站点确认对话框

删除站点后，保存在磁盘上的文件不会被删除。要想恢复此站点，应新建站点，然后将本地目录设置为新建站点的根目录。

(3) 复制站点。如果需要复制站点，则选中该站点，单击"复制"按钮，即可复制出"第一个网站 复制"站点，如图 2-9 所示。

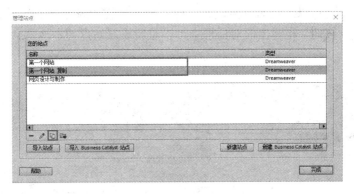

图 2-9　复制站点

（4）导出站点。将站点导出作为一个独立的文件，该文件以 ste 作为扩展名，方便备份和导入。在"管理站点"对话框中选中站点，然后单击"导出站点"按钮，弹出"导出站点"对话框，选择保存的位置，如图 2-10 所示。

图 2-10　"导出站点"对话框

（5）导入站点。导出站点后，在需要的时候可以将备份的站点导入。在"管理站点"对话框中，单击"导入站点"按钮，弹出"导入站点"对话框，选择需要导入的站点，单击"打开"按钮，可将站点导入，如图 2-11 所示。

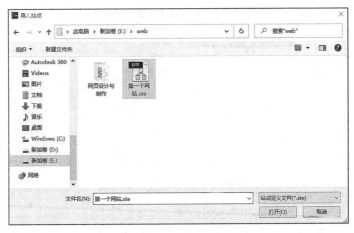

图 2-11　"导入站点"对话框

(6) 编辑站点。可以对已有站点进行编辑和设置，在"管理站点"对话框中选中该站点，单击"编辑"按钮，在弹出的对话框中可以重新设置站点的本地信息和服务器信息等，如图 2-12 所示。

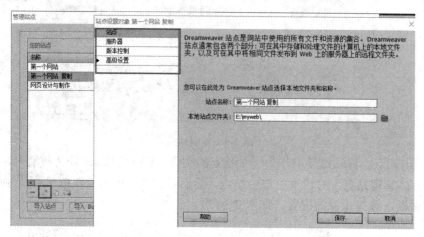

图 2-12　编辑站点

2.2.2　管理和编辑本地站点文件

通过 Dreamweaver CS6 的"文件"面板可以管理和编辑本地站点的文件，例如新建、删除、修改文件和文件夹。

1. 新建文件夹

(1) 执行"窗口"→"文件"命令，弹出"文件"面板。或直接按 F8 键，打开"文件"面板。选择"第一个网站"，单击鼠标右键弹出快捷菜单，选择"新建文件夹"命令，如图 2-13 所示。

图 2-13　新建文件夹

(2) 在"文件"面板的本地站点根文件夹下会出现名为"untitled"的新文件夹，直接输入新的文件夹名即可，如图 2-14 所示。

图 2-14　输入新文件夹名

2．新建主页

在站点中新建主页的操作步骤如下：

(1) 执行菜单"文件"→"新建"命令，弹出"新建文档"对话框，如图 2-15 所示。选择"空白页"→页面类型"HTML"→布局"<无>"→文档类型"HTML 5"，单击"创建"按钮，新建一个名为"untitled.html"的网页文件。

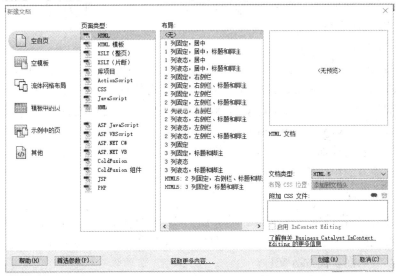

图 2-15　"新建文档"对话框

(2) 可通过"另存为"命令把新建网页名改为"index.html"。新建网页文件默认存放位置为站点根目录，如图 2-16 所示。

图 2-16　新建网页

3. 重命名、删除文件或文件夹

要重命名文件或文件夹，在选中需要设置的文件或文件夹图标上单击鼠标右键，然后在弹出的快捷菜单中选中"编辑"栏中"重命名"命令，进入可输入状态，最后输入新的名称即可。

要删除文件或文件夹，执行"编辑"栏中"删除"命令，然后在弹出确认对话框中单击"是"按钮，确认删除。

2.3　发　布　网　站

2.3.1　域名的申请和网站空间的申请

1. 申请域名

(1) 域名选取的原则。

对于企业和公司来说，域名最好与单位的名称、性质或平时的宣传等相一致，最重要的原则是简洁、易记、有特色。

(2) 域名注册。

申请域名前，必须先查询自己所需的域名是否已被注册。方法是在中国互联网络信息中心 CNNIC(www.cnnic.net.cn)数据库和国际互联网络信息中心 INTERNIC (www.internic.net) 数据库进行查询，还可以从许多负责域名申请事务的公司网站上进行查询，如万网(www.net.cn)、新网(www.xinnet.com)等。

查询域名没有被注册时，就可以填写域名申请表了。注册国际域名需要提交企业营业执照复印件、盖章的申请表等文件资料，个人或企业都可注册。

2. 申请网站空间

网站空间就是存放网站内容的空间。通常企业做网站都不会自己架设服务器，而是选择以虚拟主机空间作为放置网站内容的网站空间。网站空间一般用于存放包括文字、文档、数据库、网站的页面、图片等文件。

申请网站空间的方法有以下几种。

(1) 免费网站空间。申请免费网站空间需要注意空间大小、上传方式、是否限制上传文件大小、是否要附带广告等问题。

(2) 虚拟主机。虚拟主机又称虚拟服务器，它是一种在单一主机或主机群上实现多网域服务的方法，可以运行多个网站或服务。虚拟主机可以给用户提供独立的管理权限，极大地促进了网络技术的应用和普及。虚拟主机费用比独立服务器低很多，性价比高。

(3) 购买服务器。用户可自主购买服务器，这种方法适合对网站要求较高的企业或个人，成本相对较高。

(4) 租用服务器。用户无需自己购买服务器，可采用租用的方式，安装相应的系统软件及应用软件以实现用户独享专业高性能服务。

2.3.2　网站的测试

在发布网站之前，必须对网站的各项性能情况进行测试。

1. 网站测试

网站测试可以尽可能地避免网站在运行时出现的问题，包括测试网站页面链接的有效性、网站文档的完整性、正确性以及后台程序和数据库的稳定性等项目。

(1) 测试网页可否正常显示。

网页的访问者使用的操作系统、浏览器通常五花八门，因此有必要在网站发布前对网站所有的网页进行测试。

并非每种浏览器都支持 CSS 样式表、层、Active 控件、JavaScript 脚本和框架等技术。例如比较流行的 Firefox 浏览器根本就不支持 Active 控件和 CSS2.0 标准。为使网站在这些浏览器中可以正常、清晰地显示，可以使用 Dreamweaver "检查浏览器" 行为，自动为不符合要求的浏览器提供网页重新定向，将其转到可以正常显示的网页中。

(2) 测试网页是否支持不同的浏览器和平台。

各种不同的浏览器对网页的解析是不同的。在设计好网页后，应针对不同的浏览器编写 CSS 样式的 hack 代码，以保证网页的布局和字体大小等属性在不同浏览器中都可以正常显示。

(3) 测试链接。

在设计网页过程中，可能会由于工作的疏忽导致链接失效。在网站发布前应将网站内各网页的超链接全面检查一次，以防止出现失效链接。可以使用 Dreamweaver 自带的 "检查站点范围的链接" 工具提高工作效率。

(4) 控制页面文件大小。

使用一些软件生成的代码，并控制页面使用图形的大小和质量，在设计完成网页后，删除无用的注释语句，以确保图形尺寸尽量小，并且有明确的用途，而且首页网页文件大小应尽量控制在 70KB 以内，以提高打开的速度。

(5) 检查标题和标签。

当设计大量网页时，很容易因工作疏忽忘记修改网页的标题。因此在整站测试时，应注意检查每个网页的标题是否为默认的 "无标题文档"。网页通常都是由大量表格或层进行布局的，因此在网页的修改过程中，很容易产生空标签和冗余的标签，甚至缺失的标签。这些标签或许不会影响到网页是否可以打开，但都会影响网页的打开速度。

在 Dreamweaver 中，插入的表格每单元格都会自动插入一个空格符 "&mbsp"。在测试整个站点时，应设置单元格的高度，并将这些空格符删除。

(6) 测试网页界面。

按照相关规定逐项检查网页大小是否合适、布局是否合理、颜色搭配是否符合网站主题、字体大小是否合适、是否存在错别字等问题。

2. 使用 Dreamweaver 测试网站

(1) 验证网页语法错误。

Dreamweaver 能自行验证整个网页中的标签和语法错误。选择 Dreamweaver 中的 "文件"→"验证"→"验证当前文件"命令,如图 2-17 所示。若验证出错误标签和语法信息,则会显示在面板中。

图 2-17　验证当前文件

(2) 检查链接站点。

链接是 Web 应用系统的一个主要特征,在设计网页时很容易导致链接错误或遗漏。因此在设计好网页后,可以使用 Dreamweaver 中的"链接检查器"检查网站内网页之间的链接是否有效。

打开网页文件,执行"站点"→"检查站点范围的链接"命令,如图 2-18 所示。若有文本或对象的链接出现问题,将统一显示在"链接检查器"面板的列表中,如图 2-19 所示。

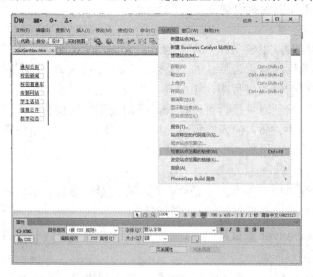

图 2-18　检查站点范围的链接

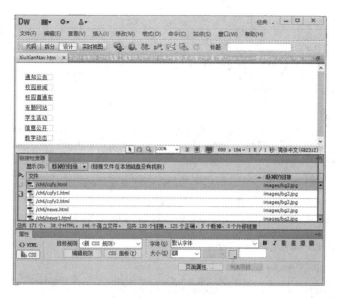

图 2-19　显示检查结果

"显示"列表中还可以选择"断掉的链接""外部链接"或"孤立的文件"选项,通过选择不同的列表,可以显示各种失效的链接,如图 2-20 所示。

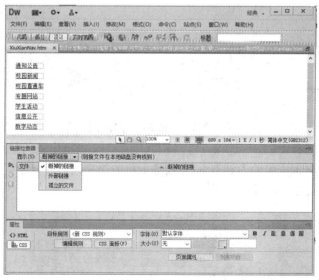

图 2-20　"显示"列表

2.3.3　网站的发布

网站的域名和空间申请完毕后,就可以发布网站了。利用 Dreamweaver 发布网站的具体操作如下:

(1) 执行"站点"→"管理站点"命令,弹出"管理站点"对话框,如图 2-21 所示。

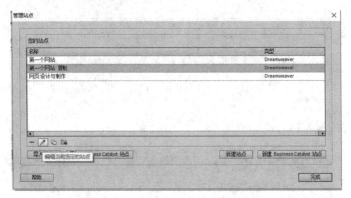

图 2-21　"管理站点" 对话框

(2) 单击"编辑当前选定的站点"按钮，弹出"站点设置对象"对话框，在对话框中选择"服务器"选项，如图 2-22 所示。

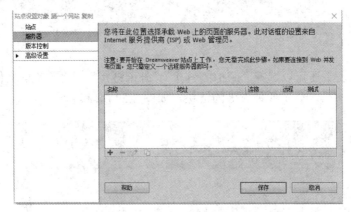

图 2-22　选择"服务器"选项

(3) 在对话框中单击"添加新服务器"按钮，弹出远程服务器设置对话框。在"连接方法"下拉列表中选择"FTP"选项，在"FTP 地址"文本框中输入站点要发布的 FTP 地址，在"用户名"文本框中输入拥有 FTP 服务主机的用户名，在"密码"文本框中输入相应用户的密码，如图 2-23 所示。

图 2-23　远程服务器设置

(4) 设置完远程服务器信息后，单击"保存"按钮。执行"窗口"→"文件"命令，弹出"文件"面板，如图 2-24 所示。

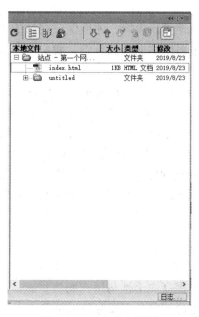

图 2-24 "文件"面板

(5) 单击按钮 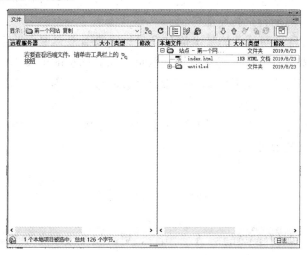 ，弹出如图 2-25 所示界面，在此界面中单击"连接到远端主机"按钮 ，建立与远程服务器连接。

图 2-25 建立与远程服务器连接

2.4 网站的更新和升级

网站的更新和升级是一项长期的工作，需要从方方面面获取信息，然后对站点进行更新并升级网站内容，不断满足用户的需求。

2.4.1 网站内容的更新

对于网站来说，只有不断地更新内容，才能保证网站的生命力。如何快捷方便地更新网站内容，提高更新效率是很多网站面临的难题。我们可以从以下几个方面入手，使网站能长期顺利地运转。

(1) 在创建过程中就要对网站的各个栏目和子栏目进行细致地规划，确定哪些是经常要更新的内容，哪些是相对稳定的内容。根据相对稳定的内容设计网页模板，在以后的维护工作中，这些模板不用改动，这样既省费用，又有利于后续维护。

(2) 对经常变更的信息建立数据库，避免数据杂乱无章。如果采用基于数据库的动态网页方案，则在网站开发过程中不但要保证信息浏览的方便性，还要保证信息维护的方便性。

(3) 要选择合适的网站更新工具。信息收集起来后，如何制作网页以及采用不同的方法，效率也会大大不同。

2.4.2 站点的升级

运行网站的过程中，为了提高安全性与用户的体验感，站点升级不可避免，但是要尽量减少升级对网站的影响，为此管理员需要注意以下几点：

(1) 备份升级。我们当然可以使用 Dreamweaver 把网站修改的文件直接上传到服务器，但是对于一个正常访问的网站来说，并不建议这样做，因为我们不能保证每次修改的内容都能按照预期结果正确显示，所以有必要将网站的内容在本地进行备份，修改备份的文件并进行充分地测试，然后再上传至服务器。

(2) 网站基本信息。网页上的基本信息设置与搜索引擎有很大关系。如果网页的信息设置合理，搜索引擎将非常容易搜索到这些网页。如果网页的信息不定期出现变动，搜索引擎将不再收录这些网页，这对网站的搜索排名具有很大的影响，因此网站基本信息的设置要具有一定的前瞻性和稳定性。

(3) 切勿因小失大。在站点升级的过程中，如果不能确定某些信息是否会影响搜索引擎，最好不要对这些内容进行更改。

本 章 小 结

本章主要介绍了如何建立站点、管理站点、更新和升级站点等一系列操作，并对如何获取空间，获取什么类型的空间以及如何发布站点做了一定的介绍，可为后续网页设计和制作打下良好的基础。

项 目 实 训

实训 1 概述网站的制作过程。

实训 2　简述什么是 Web 站点。

实训 3　规划一个个人网站站点。根文件夹名为"Myweb"，其中包含了 5 个子文件夹用于保存对应的网站素材，如图 2-26 所示，同时请在站点目录下创建网页文件"index.html"，如图 2-27 所示。

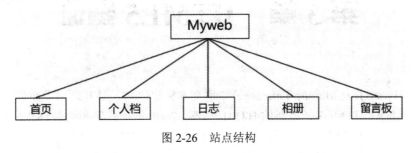

图 2-26　站点结构

图 2-27　创建网页文件"index.html"

第 3 章　HTML5 基础

HTML(Hyper Text Markup Language)即超文本标记语言，是互联网发布超文本文件(即网页)的通用语言。HTML5 是最新的 HTML 标准。2008 年正式发布的 HTML5 技术结合了 HTML4.01 的相关标准并进行了革新，符合现代网络发展要求。HTML5 由不同的技术构成，提供更多增强网络应用的标准集在互联网中得到了非常广泛的应用。与传统的技术相比，HTML5 的语法特征更加明显，并且结合了 SVG 的内容。这些内容在网页中使用可以更加便捷地处理多媒体内容，而且 HTML5 中还结合了其他元素，对原有的功能进行了调整和修改，可进行标准化工作。HTML5 在 2012 年已形成了稳定的版本。

本章要点

- 熟悉 HTML5 文件结构
- 掌握 HTML5 常用标签及属性
- 掌握 HTML5 中各个标签的使用技巧

3.1　HTML5 概述

HTML5 允许程序通过 Web 浏览器运行，并且将视频等目前需要插件和其他平台才能使用的多媒体内容也纳入其中，这将使浏览器成为一种通用的平台，用户通过浏览器就能完成任务。此外用户还可以访问以远程方式存储在"云"中的各种内容，不受位置和设备的限制。HTML5 将 Web 带入一个成熟的应用平台，在这个平台上，对视频、音频、图像、动画以及与设备的交互进行了规范。

HTML5 文件是由一些标签语句组成的文本文件，标签标识了内容和类型，Web 浏览器通过解析这些标签进行显示。HTML5 文件可以通过任意文本编辑器创建，但文件的扩展名必须使用 htm 或 html，建议使用 html 以适应跨平台的需要。

3.1.1　HTML5 文件结构

HTML5 文件主要包含头元素和体元素两部分，在头元素中对文件作出一些必要的定义，在体元素中是要显示在网页文件中的各种信息。HTML5 文件的结构如下：

```
<!doctype html>     <!--文件类型的声明-->
<html>
    <head>              <!--头元素-->
```

```
        <meta charset="utf-8">
        <title>页面标题</title>      <!--标题元素-->
    </head>

    <body>                  <!--体元素-->
    </body>
</html>
```

注意：在 HTML5 中文件类型的声明"<!doctype html>"是强制使用的，总是位于网页代码的第一行，用于声明网页文件的类型。它不是一个 HTML 标签，而是用于指示网页使用的是哪个 HTML 版本进行编写的指令。

3.1.2　HTML5 元素与标签

HTML5 目前有 120 个元素，其中有 10 个不建议使用的元素。

元素是通过 HTML5 标签进行定义的，是构建网页的基本单位，是由标签和属性组成的。元素可以嵌套但不能交叉。

标签(tag)由"<"和">"符号以及字符串组成，其中字符串是用来描述网页文件内容的类型、组成和格式化信息，位于起始标签和结束标签之间的文本就是元素内容。例如：

```
    <p>段落</p>
```

其中"<p>"标签是元素的开始标签，元素的内容为"段落"，"</p>"标签是元素的结束标签。

按照有无元素内容划分，元素可以分为非空元素和空元素两类，其对应的标签可以分为非空标签和空标签两类。

1. 非空元素和非空标签

非空元素是指含有内容的元素；非空标签是指表示非空元素的标签，有开始和结束两个标签。非空元素标签语法结构为：

```
    <元素名　[属性="属性值"]...>元素内容</元素名>
```

其中"<元素名　[属性="属性值"]...>"是元素的开始标签，方括号中的属性和属性值的设置为可选内容，一个元素中可以包含一个或多个属性和属性值，"</元素名>"是元素的结束标签。例如：

```
    <b>加粗</b>

        <a href=http://www.baidu.com>百度</a>
```

2. 空元素和空标签

空元素是指不包含任何内容的元素，空标签是指表示空元素的标签。一个空元素只有一个标签。空元素的语法结构为：

```
    <元素名　[属性="属性值"].../>
```

其中方括号中的属性和属性值的设置为可选内容，"/"表示结束元素或关闭元素。例如：

```
    <img src="images/car.jpg"/>    <!--网页中的图像-->

    <br/>        <!--换行-->
```

```
<hr/>        <!--水平线-->
```

3.1.3　HTML5 属性

　　HTML5 属性和属性值始终被包含在元素的开始标签中，且不能单独使用。在元素的开始标签中可以包含多个属性和属性值，各个属性和属性值之间使用空格分隔，属性和属性值没有先后顺序，属性值要使用单引号或双引号括起来。例如：

```
<p align="center">段落</p>
```

　　注意：在 HTML5 文件中，很多元素会重复出现(比如网页中包含多个图像)，为了区分这些元素，可以在开始标签中使用 ID 属性给每个元素定义一个唯一的标识，ID 属性的属性值在文件中也必须是唯一的。

3.1.4　HTML5 语法规则

　　随着移动端的兴起与发展，HTML5 逐渐被接受，并被广泛应用到网页制作中。HTML5 的语法规则要求比较松散，如 HTML5 不再继承 Strict(严格型)、Transitional(过渡型)或 Frameset(框架型)的文件声明，H5(HTML5 的简写)有自己简洁、易懂、方便、快捷的文件声明 "<!doctype html>"；　HTML5 中不允许写结束标记的元素是指不允许使用开始标记与结束标记将元素括起来的形式，只允许使用 "<元素/>" 的形式进行，书写属性值两边既可以使用双引号，也可以使用单引号。当属性值不包括空字符串、<、>、=、单引号、双引号等字符时，属性值两边的引号可以省略。

　　为了保证代码的规范性，HTML5 代码在书写时还应遵循以下几点：

　　(1) HTML5 元素必须正确嵌套。HTML5 中的网页元素可以嵌套，但不能交叉。例如：

```
<body>
    <p>段落</p>
</body>     <!--正确嵌套-- >

<body>
    <p>段落</body>
</p>        <!--错误嵌套-- >
```

　　(2) HTML5 元素标签必须关闭。

　　① 非空标签必须使用结束标签。例如：

```
<p>段落</p>     <!--正确-->
<p>段落          <!--不建议-->
```

　　② 空标签也必须关闭。例如：

```
<br/>       <!--正确-->
<br         <!--不建议-->
```

　　(3) 元素的标签名、属性名和属性值最好使用小写。例如：

```
<p>段落</p>     <!--正确-->
<p ALIGN="CENTER">段落</p>     <!--不建议-->
```

(4) 元素的属性值最好使用双引号括起来。例如：

<p align="center">段落</p>　　<!--正确-->

　<p align=center>段落</p>　　<!--不建议-->

(5) 元素的属性最好设置属性值。例如：

<input checked="checked" />　<!--正确-->

<input checked />　　<!--不建议-->

3.2　HTML5 格式化标签

3.2.1　HTML5 文件结构标签

1. <header>标签

<header>标签用于定义文件页眉，它是一种具有引导和导航作用的结构元素，通常用来放置整个网页或网页内的一个内容区块的标题，也可以包含其他内容，如数据表格、Logo等。因此整个网页的标题应该放在网页的开头。

其语法格式为：

<header id="header">网页或文章的标题信息</header>

2. <nav>标签

<nav>标签用于定义导航链接的部分，通过网站导航可以在网站中各个网页之间进行跳转，其中的导航元素可链接到其他网页或当前网页的其他部分。

其语法格式为：

<nav id="nav">导航元素</nav>

3. <article>标签

<article>标签用于定义网页中一块独立的内容，包括文章、图片、用户评论等，独立于网站中的其他部分。

其语法格式为：

<article id="article">文章内容　</article>

4. <section>标签

<section>标签用于对网页中的内容进行分区，一个<section>元素通常由内容及其标题组成，比如章节等。

其语法格式为：

<section id="section">文章内容</section>

5. <aside>标签

<aside>标签用于创建网页中文章内容的侧边栏内容，即创建其所处内容之外的内容，<aside>标签中的内容应该与其附近的内容相关，它可以包含与当前网页或主要内容相关的引用、侧边栏、广告、导航条以及其他类似的有别于主要内容的部分。

其语法格式为：

```
<aside id="aside">辅助信息内容</aside>
```

6. `<footer>`标签

在 HTML 中，`<footer>`标签是 HTML5 新增的语义化标签，是用来定义文件或节的页脚。它只起到语义的作用，默认对内容是没有任何样式效果的，如果要添加样式，一般是使用 CSS 来实现。一个网页中可以使用多个`<footer>`标签，`<footer>`标签一般是表示文件或者文件的一部分区域的页脚，应该包含它所包含的元素的信息，比如创作者的姓名、文件的创作日期以及创作者的联系信息等。

其语法格式为：

```
<footer id="footer">页脚内容</footer>
```

3.2.2　文本格式化标签

1. HTML5 文本格式化标签

表 3-1 列出了 HTML5 中的文本格式化标签，这些标签有其特定的语义，通过不同的呈现方式加以区分，如加粗`<b>`标签和倾斜`<i>`标签等。

表 3-1　HTML 文本格式化标签

标签	描述
`<b>`	定义粗体文本
`<em>`	定义着重文字
`<i>`	定义斜体字
`<small>`	定义小号字
`<strong>`	定义加重语气
`<sub>`	定义下标字
`<sup>`	定义上标字
`<ins>`	定义插入字
`<del>`	定义删除字
`<pre>`	预定义格式文本

【例 3-1】文本格式化标签的应用。

```
<!doctype html>
  <html>
    <head>
      <meta charset="utf-8">
      <title>无标题文档</title>
    </head>

    <body>
```

```
        <b>加粗</b>
        <i>倾斜</i>
    </body>
</html>
```

加粗 *倾斜*

图 3-1　使用<b>标签和<i>标签显示效果

其显示效果如图 3-1 所示。

文本格式化标签中的<pre>标签是用来预定义格式文本，在<pre>标签中的文本内容通常会保留其中的空格和换行符，显示为等宽字体。

【例 3-2】文本格式化标签的应用。

```
<!doctype html>
<html>
    <head>
        <meta charset="utf-8">
        <title>无标题文档</title>
    </head>
    <body>
        <pre>该 文 本 中 包 含 空 格</pre>
    </body>
</html>
```

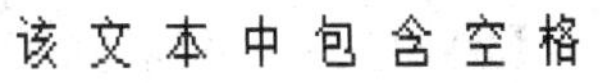

其显示效果如图 3-2 所示。

该 文 本 中 包 含 空 格

图 3-2　使用<pre>标签显示效果

【例 3-3】文本格式化标签的应用，显示效果如图 3-3 所示，代码如下：

```
<!doctype html >
<html>
    <head>
        <meta charset="utf-8">
        <title>文本格式化标签</title>
    </head>
    <body>
        <b>加粗</b>    <br/>
        <em>着重文字</em>    <br/>
        <i>斜体</i>        <br/>
        <small>呈现小字号效果</small> <br/>
        <strong>加重语气强调内容</strong> <br/>
        I<sub>下标</sub>    <br/><br/>
        I<sup>上标</sup>    <br/>
        <ins>插入字</ins> <br/>
        <del>删除字</del> <br/>
        <pre>预
            定
            义
```

加粗
着重文字
斜体
呈现小字号效果
加重语气强调内容
I下标

I上标
插入字
删除字

预
　　　定
　　　义
　　　格
　　　式
　　　文
　　　本

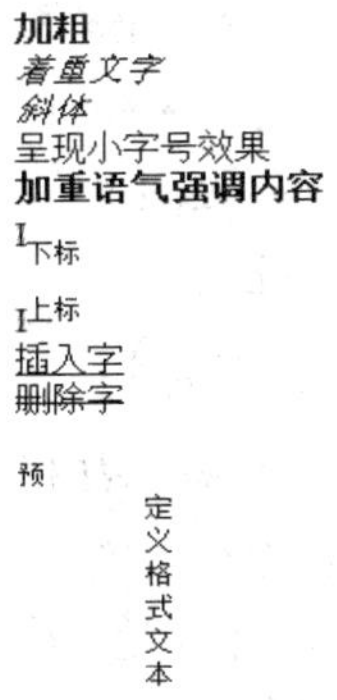

图 3-3　文本格式化标签显示效果

```
        格
        式
        文
        本</pre>
    </body>
  </html>
```

3.2.3　标题、段落标签

1. 标题标签

标题标签语法格式为：

```
<hn align="left|right|center">…</hn>
```

HTML 中的标题标签总共有 6 级，即 hn，其中 n 的取值范围为 1～6，分别是 h1、h2、h3、h4、h5、h6。标题标签为双标签。默认情况下使用了标题标签的对象默认对齐方式为左对齐，独占一行，字体为黑体，字体大小按照 n 值的取值从小到大依次递减。其中 h1 表示 1 级标题，其字体大小最大。h2 表示 2 级标题，其字体大小较小。依此类推，h6 标题字体大小最小。

【例 3-4】各级标题标签应用，如图 3-4 所示。

```
<!doctype html>
<html>
  <head>
    <meta charset="utf-8">
    <title>标题标签</title>
  </head>
  <body>
    <h1>h1 标题</h1>
    <h2>h2 标题</h2>
    <h3>h3 标题</h3>
    <h4>h4 标题</h4>
    <h5>h5 标题</h5>
    <h6>h6 标题</h6>
  </body>
</html>
```

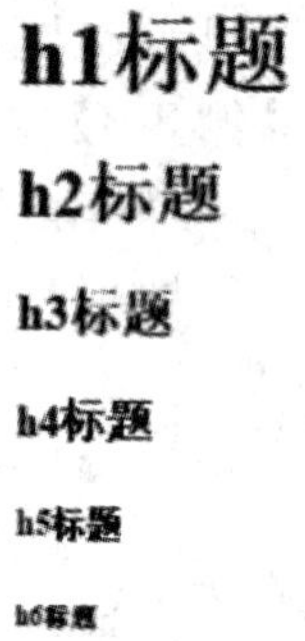

h1标题

h2标题

h3标题

h4标题

h5标题

h6标题

图 3-4　各级标题标签

2. 段落标签

段落标签语法格式：

```
<p>…</p>
```

<p> 标签是一个块状标签，用于定义网页中文本段落，该标签具有明确的语义特征。当需要在网页中插入一个新的段落时，可以使用该段落标签。在 Dreamweaver 的设计视图中按键盘 Enter 键后，就会自动生成一个段落，同时在代码视图中将自动生成一对<p>标签。

3.2.4　其他标签

HTML 计算机输出标签，如表 3-2 所示。

表 3-2　计算机输出标签

标签	描述
<code>	定义计算机代码
<kbd>	定义键盘码
<samp>	定义计算机代码样本
<var>	定义变量
<pre>	定义预格式文本

HTML 引文、引用及标签定义如表 3-3 所示。

表 3-3　HTML 引文、引用及标签定义

标签	描述
<abbr>	定义缩写
<address>	定义地址
<bdo>	定义文字方向
<blockquote>	定义长的引用
<q>	定义短的引用语
<cite>	定义引用、引证
<dfn>	定义一个定义项目

3.3　图　像　标　签

图像是网页制作中必不可少的元素，在网页中合理使用图片能使网页更加生动，更能吸引用户的眼球，同时通过图片还能够描述一些复杂的问题。制作网页时常用的图片格式主要有 JPEG、GIF、PNG3 种：

(1) JPEG(Joint Photographic Experts Group)是联合图像专家组的缩写。它是联合图像专家组开发并命名的一种图像格式，其图像文件的扩展名为 jpg 或 jpeg，是最常用的一种图像文件格式。它支持多种颜色，并能很好地实现调节图像质量的功能，具有很高的压缩比，当使用过高的压缩比后将降低图像的质量，不支持透明和动画效果，是使用最为广泛的一种图像格式。

(2) GIF(Graphics Interchange Format)是图像交换格式的缩写。它是美国 CompuServe 公司提出的一种图像格式，其图像文件的扩展名为 gif，最多支持 256 种颜色，采用块的形式来存储图像信息，支持 LZW 算法。该算法为无损压缩算法，压缩效率高，并支持存放多幅彩色图像，因而该格式的图像可以按照一定的顺序和时间间隔将多幅图像一次读出并显示在屏幕上，形成一种简单的动画效果。正是因为它具备极佳的压缩效率和具备制作动画的功能，使得该格式被广泛接纳和采用。

(3) PNG(Portable Network Graphics)是便携式网络图形的缩写。它是美国 Unisys 公司提出的一种图像格式，其图像文件的扩展名为 png，是一种新的图片技术。其体积小，采用了无损压缩，支持透明效果，不支持动画。

3.3.1 图像标签语法结构

图像标签<img>中"img"是 image(图像)的缩写。单独的图像标签<img>在网页中是没有意义的，图像标签需要配合属性使用才可使得图像标签具有意义，且它没有闭合标签。图像标签的语法格式为：

    <img src="URL 地址" alt="替换文本" title="提示文字" />

图像标签的各个属性如下：

(1) src 属性。

要在网页中显示图像必须使用 src 属性来指定图像的 URL 地址，URL 地址是图像存储的位置。

(2) alt 属性。

alt 属性用于设置图像的替换文本，该属性主要用于当浏览器载入网页的图像无法显示时，在图像位置显示代替图像的文本，替换文本 alt 的属性值由用户自己定义。在网页制作中为每个图像添加替换文本属性是一个良好的习惯，这样有助于更好的显示信息。

(3) title 属性。

title 属性用于设置图像的提示文字，当网页打开后，将鼠标移动到图像上时将显示 title 属性设置的提示文字。

(4) width、height 属性。

width、height 属性分别用于设置图像的宽度和高度。默认情况下，图像在浏览器中显示的宽度和高度为图像本身具备的宽度和高度，当图像本身的宽度和高度不满足要求时，可以通过 width、height 属性改变图像的尺寸。图像宽度和高度的属性值单位默认为像素。

(5) border 属性。

border 属性用于设置图像的边框，默认边框色为黑色，边框属性值的单位为像素。如果需要改变图像边框的样式和颜色，则需要通过 CSS 来改变。

3.3.2 图像标签使用技巧

1. 在网页中插入图像和动画

在网页中插入图像和动画时，由于图像和动画文件是独立存在的，因此要在网页中正确显示图像和动画信息，浏览器需要逐个加载图像和动画文件，同时每个图像和动画文件加载后需要请求 HTTP 协议才能完成。如果在网页中过度地使用图像和动画将给用户在浏览器加载网页时增加很多不必要的等待时间。

【例 3-5】在网页中插入图像和动画，显示效果如图 3-5 所示，代码如下：

```
<!dotype html>
<html>
    <head>
```

```
        <meta charset="utf-8">
        <title>校园风光</title>
    </head>
    <body>
        插入 JPG 格式图像
        <img src="images\spring.jpg" title="校园风光" alt="校园风光" width="200" height="200" />
            <br/>
        插入 GIF 格式动画
        <img src="images\time.gif" width="222" height="151"/>
    </body>
</html>
```

图 3-5　插入图像和动画

2. 设置图像的替换文本

当网页中的图像在浏览器中无法显示时，则将在显示图像的位置上显示替换文本。为网页中的图像设置替换文本将有利于更好地显示信息。

【例 3-6】为网页中图像设置替换文本，显示效果如图 3-6 所示，代码如下：

```
<!doctype html>
<html>
    <head>
        <meta charset="utf-8">
        <title>校园风光</title>
    </head>
    <body>
        <!--图像替换文本为校园风光-->
        <img   src="images\spring.jpg" alt="校园风光"/>
    </body>
</html>
```

图 3-6　显示图像替换文本

3. 设置图像的提示文字

【例 3-7】为网页中图像设置提示文字，显示效果如图 3-7 所示，代码如下：

```
<!doctype html >
<html>
  <head>
      <meta charset="utf-8">
      <title>校园风光</title>
  </head>
  <body>
      <!--图像提示文字为校园风光-->
      <img   src="images\spring.jpg" alt="校园风光" title="校园风光"/>
  </body>
</html>
```

图 3-7　显示图像提示文字

4. 设置图像的宽度和高度

【例 3-8】为网页中图像设置宽度和高度，显示效果如图 3-8 所示，代码如下：

```
<!doctype html >
```

```
<html>
  <head>
    <meta charset="utf-8">
    <title>校园风光</title>
  </head>
  <body>
    <!--图像宽度和高度分别为 200px-->
    图像宽度和高度为 200 × 200
    <img src="images/spring.jpg" width="200" height="200"/>
    <br/>
    图像宽度和高度为 100 × 100
    <img src="images/spring.jpg" width="100" height="100"/>
  </body>
</html>
```

图像宽度和高度为200×200

图像宽度和高度为100×100

图 3-8　设置图像的宽度和高度

5. 设置图像的边框

【例 3-9】为网页中图像设置边框，显示效果如图 3-9 所示，代码如下：

```
<!doctype html >
<html>
  <head>
    <meta charset="utf-8">
    <title>校园风光</title>
  </head>
  <body>
    <!--图像边框为 15px-->
    <img src="images/spring.jpg" width="200" height="200" border="15"/>
  </body>
</html>
```

图 3-9　设置图像的边框

3.4　超链接标签

超链接属于网页的一部分，它允许我们建立同其他网页或站点之间的链接关系，通过超链接将各个网页链接在一起后形成一个网站。所谓的超链接就是指从一个网页指向一个目标的链接关系。这个目标可以是一个网页，一个图片，也可以是相同网页上的不同位置，还可以是一个文件，甚至是一个应用程序。按照链接路径的不同，网页中超链接一般分为内部链接、锚点链接和外部链接 3 种类型。按照使用对象的不同，网页中的超链接可以分为文本超链接、图像超链接、空链接、锚点链接、文件链接、E-mail 链接等。

3.4.1　超链接标签语法结构

超链接标签<a>中 "a" 是 anchor 的缩写。单独的超链接标签<a>在网页中是没有意义的，超链接标签需要配合属性使用才可使得超链接标签具有意义。该标签是一个双标签即有开始标签和结束标签配对出现。超链接标签的语法格式为：

　　<a href="链接目标" target="目标" title="说明">链接显示的文本</a>

超链接标签的各个属性如下：

(1) href 属性。

href 属性用于指定超链接的目标，其连接目标为一个 URL 路径。根据连接对象路径完整性的不同分为绝对超链接和相对超链接。

绝对超链接是指从计算机盘符开始或从服务器的根目录开始的文件路径，例如：

　　<a href="file:///D|/WEB/images/spring.jpg">绝对超链接</a>

其中 href 属性用于指定链接目标，其属性值为 D 盘中 WEB 文件夹下 images 文件夹中的 spring.jpg 图像文件。当网站位置发生移动时(例如将网站从 D 盘移动到 F 盘)，使用绝对超链接的链接对象将出现链接错误，导致图片不能正常显示。

相对超链接是指从站点根文件夹开始到被链接文件的路径，例如：

　　<a href=" images/spring.jpg">绝对超链接</a>

当网站位置发生移动时(例如将网站从 D 盘移动到 F 盘)，使用相对超链接的链接对象将正常显示。

（2）target 属性。

target 属性用于指定链接目标的打开位置，其属性值包括：

① _blank：该属性值用于指定链接目标将在新浏览器窗口中打开。

② _new：该属性值同_blank，用于指定链接目标将在新浏览器窗口中打开。

③ _partent：该属性值用于指定链接目标在父窗口或父框架中打开。

④ _self：target 属性的默认值，该属性值用于指定链接目标在本窗口或本框架中打开。

⑤ _top：该属性值用于指定将链接文件直接加载到整个浏览器窗口，同时所有框架将被删除。

3.4.2　超链接标签使用技巧

1. 创建文本超链接

创建文本超链接的对象是文本，利用 target 属性指定链接目标，当鼠标经过该文本时鼠标指针的形状将发生改变，单击文本超链接可以打开链接目标。

【例 3-10】创建文本超链接，链接目标将在另一个浏览器窗口中打开，代码如下：

```
<!doctype html>
<html>
    <head>
        <meta charset="utf-8">
        <title>校园风光</title>
    </head>
    <body>
        <a href="images/spring.html">春天</a>   <!--链接目标为 images/spring.html 当省略 target
        属性时链接目标将在本窗口中打开-->
    </body>
</html>
```

2. 创建图像超链接

图像超链接的对象是图像，利用 target 属性指定链接目标，当鼠标经过该图像时鼠标指针的形状将发生改变，单击图像超链接可以打开链接目标。

【例 3-11】在网页中插入图片，创建图像超链接，链接目标将在另一个浏览器窗口中打开，代码如下：

```
<!doctype html >
<html>
    <head>
        <meta charset="utf-8">
        <title>校园风光</title>
    </head>
    <body>
        <!--链接目标为 images/spring.html   链接目标将在另一新浏览器窗口中打开-->
```

```
    <a href="images/spring.html" target="_blank">
        <img src="images/2.jpg" width="150" height="150"/>
    </a>
</body>
</html>
```

3. 创建文件、E-mail 超链接

创建文件超链的对象为文本，链接目标为文件；创建 E-mail 超链接的对象为文本，链接目标为 E-mail 地址。

【例 3-12】创建文件、E-mail 超链接，代码如下：

```
<!doctype html >
<html>
    <head>
        <meta charset="utf-8">
        <title>校园风光</title>
    </head>
    <body>
        <a href="files/images.rar" >文件超链接</a>
    </body>
</html>
```

3.5 表 格 标 签

表格是 HTML 中一个重要的元素，利用其属性能够设计出各种多样化的表格样式，使得网页元素更加整齐美观，增强网页显示效果。

3.5.1 表格标签语法结构

网页中使用表格显示数据方式非常灵活，设计网页时应充分发挥表格的数据组织功能。表格由<table>标签进行定义，表格行由<tr>标签定义，每行中的单元格由<td>标签定义，<td>标签被包含在<tr>标签内。数据存放在单元格标签中，即<td></td>标签内。表格中的单元格可以包含文本、图像、段落、表单、表格等网页元素。

HTML5 的表格标签如表 3-4 所示。

表 3-4　HTML5 表格标签

标签名	描述	标签名	描述
<caption>	定义表格标题	<thead>	定义表格的表头内容
<table>	定义表格	<tbody>	定义表格的主体内容
<th>	定义表格列标题	<tfoot>	定义表格脚注
<tr>	定义表格行	<col>	定义表格中一个或多个列的属性值
<td>	定义表格中的单元格	<colgroup>	定义表格中供格式化的列表

表格的基本语法格式如下：

```
<table align="left|center|right">
    <caption>表格标题</caption>
    <tr>
        <th>列标题</th>
        <th>列标题</th>
        …
    </tr>

    <tr>
        <td>单元格</td>
        <td>单元格</td>
        …
    </tr>
</table>
```

3.5.2　表格标签及属性

1. 表格标签<table>

<table>标签是表格的开始标签，其包含的属性有：

(1) width 属性：用于定义表格的宽度；

(2) height 属性：用于定义表格的高度；

(3) align 属性：用于定义表格的对齐方式，其属性值为 left、center、right，默认属性值为 left；

(4) bgcolor 属性：用于设置表格的背景颜色；

(5) background 属性：用于设置表格的背景图片；

(6) border 属性：用于设置表格的边框宽度；

(7) bordercolor 属性：用于设置表格边框的颜色；

(8) cellpadding 属性：用于设置表格边框之间的填充宽度；

(9) cellspacing 属性：用于设置表格边框之间的间距。

2. 表格行标签<tr>

<tr>标签表示表格的一行，具有和<table>标签相同的宽度、高度、背景等属性。

3. 单元格标签<td>

<td>标签表示表格的一个单元格，它同样具有和<table>标签相同的宽度、高度、背景等属性。

4. 表格标签的应用

【例 3-13】表格标签的简单应用。

```
<table align="center" width="500" height="150" border="1">
```

```
        <caption>学生成绩表</caption>
        <tr align="center">
            <th>学号</th>
            <th>姓名</th>
            <th>计算机基础</th>
            <th>C 语言程序设计</th>
            <th>网页设计与制作</th>
        </tr>
        <tr align="center">
          <td>01</td>
          <td>章程</td>
          <td>80</td>
          <td>78</td>
          <td>82</td>
        </tr>
         <tr align="center">
          <td>02</td>
          <td>张丽</td>
          <td>75</td>
          <td>69</td>
          <td>80</td>
        </tr>
         <tr align="center">
          <td>03</td>
          <td>王芳</td>
          <td>70</td>
          <td>81</td>
          <td>72</td>
        </tr>
    </table>
```

表格显示效果如图 3-10 所示。

学生成绩表

学号	姓名	计算机基础	C语言程序设计	网页设计与制作
01	章程	80	78	82
02	张丽	75	69	80
03	王芳	70	81	72

图 3-10　表格显示效果

3.6　列 表 标 签

列表标签是网页中应用较为频繁的元素，具备强大的网页布局和排版功能，通常应用于网页的标题列表、导航菜单、新闻信息等。列表标签分为两类：一类是有序列表，另一类是无序列表。有序列表用于指定各个列表项之间的顺序，如 1、2、3…，各个列表项之间有先后顺序。而无序列表中各个列表项之间没有先后顺序之分，只是利用列表项来呈现内容。

3.6.1 有序列表

<ol>标签用于定义有序列表，它是一个双标签。<li>标签用于列出有序列表中的列表项，各个列表项之间有先后顺序之分。默认情况下，有序列表的列表项前使用的是数字符号 1、2、3…，其语法结构为：

```
<ol type="1|A|a|I|i">
    <li>列表项</li>
    <li>列表项</li>

</ol>
```

其中，type 属性的属性值含义如下：

(1) type="1"，表示列表项用数字符号标号，此值为 type 的默认值；

(2) type="A"，表示列表项用大写字符标号；

(3) type="a"，表示列表项用小写字符标号；

(4) type="I"，表示列表项用大写罗马数字标号；

(5) type="i"，表示列表项用小写罗马数字标号。

【例 3-14】有序列表应用。

```
<ol>
    <li>山西五台山</li>
    <li>安徽九华山</li>
    <li>浙江普陀山</li>
    <li>四川峨眉山</li>
</ol>
```

有序列表显示效果如图 3-11 所示。

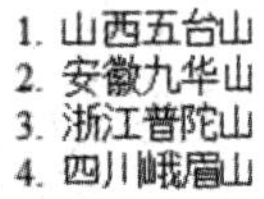

```
1. 山西五台山
2. 安徽九华山
3. 浙江普陀山
4. 四川峨眉山
```

图 3-11 有序列表显示效果

3.6.2 无序列表

<ul>标签用于定义无序列表，它是一个双标签。<li>标签用于列出无序列表中的列表项，各个列表项之间没有先后顺序之分。默认情况下，无序列表的列表项前使用的是符号为实心圈，其语法结构为：

```
<ul type="circle|disc|square">
    <li>列表项</li>
    <li>列表项</li>

</ul>
```

其中，type 属性的属性值含义如下：

(1) type=" circle"，表示列表项用空心圆圈标号；

(2) type=" disc"，表示列表项用实心圆圈标号，此值为 type 的默认值；

(3) type=" square"，表示列表项用实心方块标号。

【例 3-15】无序列表应用。

```
<ul type="circle">
    <li>山西五台山</li>
    <li>安徽九华山</li>
    <li>浙江普陀山</li>
    <li>四川峨眉山</li>
</ul>
```

无序列表显示效果如图 3-12 所示。

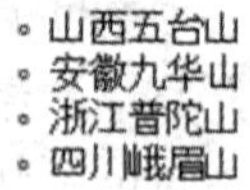

- 山西五台山
- 安徽九华山
- 浙江普陀山
- 四川峨眉山

图 3-12　无序列表显示效果

3.6.3　定义列表

定义列表通常用于对某一内容的解释和定义，其语法结构为：

```
<dl>
    <dt>定义题目</dt>
    <dd>描述</dd>
    <dd>描述</dd>

    <dt>定义题目</dt>
    <dd>描述</dd>
    <dd>描述</dd>

</dl>
```

其中<dl>标签用于设置定义列表，是定义列表的开始标签。<dt>标签用于定义列表中的项目，即定义题目。<dd>标签用于描述列表中的项目。

【例 3-16】定义列表的应用。

```
<dl>
    <dt>中国四大名山</dt>
    <dd>山西五台山</dd>
    <dd>安徽九华山</dd>
    <dd>浙江普陀山</dd>
    <dd>四川峨眉山</dd>
</dl>
```

定义列表显示效果如图 3-13 所示。

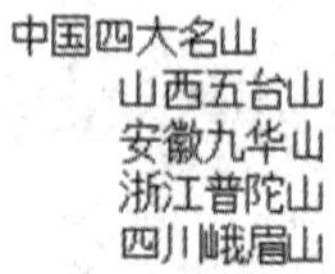

中国四大名山
　　山西五台山
　　安徽九华山
　　浙江普陀山
　　四川峨眉山

图 3-13　定义列表显示效果

3.7　其 他 标 签

1. 容器标签<div>和<span>

<div>和<span>是一对双标签，标签本身没有具体的显示效果，其主要作用是定义样式容器，容器的样式由 CSS 进行定义。

<div>标签是一个块状容器，默认情况下占用网页中一个文本行。<span>标签是一个行间容器，默认情况下占用行间的一部分，占据长短由容器中内容的多少决定。

【例 3-17】<div>标签和<span>标签应用的区别。

```
<!doctype html>
<html>
    <head>
        <meta charset="utf-8">
        <title>无标题文档</title>
    </head>
    <body>
        <div>块状容器 1</div>
        <div>块状容器 2</div>
        <span>行间容器 1</span>
        <span>行间容器 2</span>
    </body>
</html>
```

显示效果如图 3-14 所示。

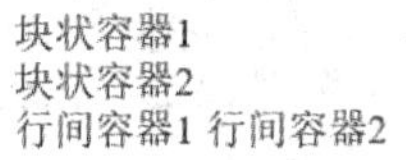

块状容器1
块状容器2
行间容器1 行间容器2

图 3-14　<div>标签和<span>标签应用区别显示效果

2. 框架

框架可以将浏览窗口划分为若干个矩形区域，每个区域分别显示不同的网页。采用框架(Frames)技术的网页由框架集(Frameset)和框架(Frame)两部分组成。顾名思义，框架集就是框架的集合，它定义了浏览窗口中框架的结构，框架的数量、大小及装入框架中的页面文件的路径和名称等有关框架的属性。框架是框架集的组成元素。框架的网页是整个网页页面的一部分，是一个矩形区域，它具有网页所有的属性和功能，与框架集中其他框架网页的关系是平等的。

框架结构的网页不是一个单独的网页文件，而是由一组网页文件组成。框架结构的网页包含一个框架集的 HTML 文件和若干个在框架内显示的网页文件。框架集的 HTML 文件是一个特殊的网页文件，本身不存储在浏览器中显示的具体网页内容，只是向浏览器提供如何显示一组框架以及在这些框架中应显示那些文件的信息。浏览框架结构的网页时，打开框架集网页，浏览器就会打开显示在各个框架中的相应文件。

其语法结构为：

```
<frameset>
    <frame src="URL">
```

```
        <frame src="URL">
    </frameset>
```

其中<frameset>标签用于定义框架集；<frame>标签用于定义子框架；<frame>标签中的 src 属性用于指定一个预先制作好的 HTML 文件地址。

本 章 小 结

本章主要介绍了 HTML 中的基本标签及属性，主要包括格式化标签、图像标签、超链接标签、表格标签、列表标签等，并通过相应的例子来进一步讲解各个标签的基本应用方法。

项 目 实 训

实训 1　利用网页格式化标签，制作如图 3-15 所示网页。

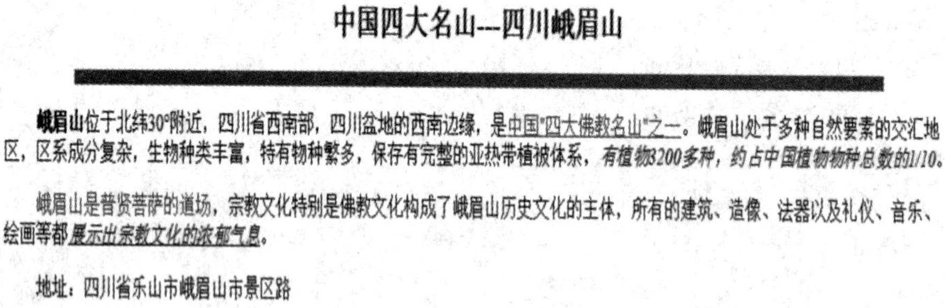

中国四大名山---四川峨眉山

峨眉山位于北纬30°附近，四川省西南部，四川盆地的西南边缘，是中国"四大佛教名山"之一。峨眉山处于多种自然要素的交汇地区，区系成分复杂，生物种类丰富，特有物种繁多，保存有完整的亚热带植被体系，有植物3200多种，约占中国植物物种总数的1/10。

峨眉山是普贤菩萨的道场，宗教文化特别是佛教文化构成了峨眉山历史文化的主体，所有的建筑、造像、法器以及礼仪、音乐、绘画等都*展示出宗教文化的浓郁气息*。

地址：四川省乐山市峨眉山市景区路

图 3-15　网页格式化标签应用

参考代码如下：

```
<!doctype html >
<html>
    <head>
        <meta http-equiv="Content-Type" content="text/html; charset=utf-8">
        <title>中国四大名山---四川峨眉山</title>
    </head>

    <body>
        <h2 align="center">中国四大名山---四川峨眉山</h2>
        <hr color="#FF0000" width="800" size="10"/>
        <p style="text-indent:2em"> <b>峨眉山</b>位于北纬 30° 附近，四川省西南部，四川盆地
        的西南边缘，是<font color="#FF0000"><u>中国"四大佛教名山"之一</u></font>。峨眉山
```

处于多种自然要素的交汇地区，区系成分复杂，生物种类丰富，特有物种繁多，保存有完整的亚热带植被体系，<i>有植物 3200 多种，约占中国植物物种总数的 1/10</i>。

</p>

<p style="text-indent:2em"><font color="#FF0000">峨眉山是普贤菩萨的道场</font>，宗教文化特别是佛教文化构成了峨眉山历史文化的主体，所有的建筑、造像、法器以及礼仪、音乐、绘画等都<i><u>展示出宗教文化的浓郁气息</u></i>。

</p>

<p style="text-indent:2em">

地址：四川省乐山市峨眉山市景区路。

</p>

</body>

</html>

实训 2　利用图像标签、超链接标签和表格标签制作中国四大名山网站，要求使用表格布局，然后用超链接标签实现各个页面之间的链接。

(1) 首页网页以 index.html 命名，版式要求为：设置网页的背景图片；创建一个 2 行 4 列的表格并输入相应的文字内容；调整表格的宽度、高度和对齐方式(居中对齐)。显示效果如图 3-16 所示。

图 3-16　首页显示效果

参考代码如下：

```
<!doctype html >
<html>
  <head>
    <meta http-equiv="Content-Type" content="text/html; charset=utf-8">
    <title>中国四大名山</title>
    <style type="text/css">
    a:link {
        color: #FFF;
        text-decoration: none;
    }
    a:visited {
        text-decoration: none;
    }
```

```
        a:hover {
            text-decoration: none;
        }
        a:active {
            text-decoration: none;
        }
    </style>
</head>


<body background="images/body.jpg">
    <table width="600" border="0" align="center" cellpadding="0" cellspacing="0">
        <tr>
            <td height="200" colspan="4" align="center" valign="bottom">
                <h1>中国四大名山</h1>
            </td>
        </tr>
        <tr>
            <td height="80" align="center">
                <a href="Emei.html">四川峨眉山</a>
            </td>
            <td align="center">
                <a href="Jhua.html">安徽九华山</a>
            </td>
            <td align="center">
                <a href="Ptuo.html">浙江普陀山</a>
            </td>
            <td align="center">
                <a href="Wtai.html">山西五台山</a>
            </td>
        </tr>
    </table>
    </body>
</html>
```

(2) 四川峨眉山网页名为 Emei.html，版式要求为：创建一个 3 行 4 列的表格；设置表格的宽度、高度和对齐方式(居中对齐)；在第一行输入标题；在第二行和第三行分别插入相应图片，并调整图片的宽度和高度；创建一个 1 行 4 列的表格；设置表格的宽度、高度和对齐方式(居中对齐)；在单元格中分别输入对应的文字内容。显示效果如图 3-17 所示。

图 3-17　Emei.html 网页显示效果

参考代码如下：

```
<!doctype html >
<html>
  <head>
      <meta http-equiv="Content-Type" content="text/html; charset=utf-8">
      <title>四川峨眉山</title>
  </head>
  <body>
    <table width="660" border="0" align="center" cellpadding="0" cellspacing="0">
      <tr>
          <td height="80" colspan="3" align="center"><h2>四川峨眉山</h2></td>
      </tr>
      <tr>
        <td height="220" align="center">
            <img src="images/Emei1.jpg" width="200" height="200">
        </td>
        <td height="220" align="center">
            <img src="images/Emei3.jpg" width="200" height="200">
        </td>
        <td height="220" align="center">
            <img src="images/Emei2.jpg" width="200" height="200">
        </td>
      </tr>
      <tr>
        <td height="220" align="center">
            <img src="images/Emei4.jpg" width="200" height="200">
        </td>
        <td height="220" align="center">
```

```
                    <img src="images/Emei5.jpg" width="200" height="200">
                </td>
                <td height="220" align="center">
                    <img src="images/Emei6.jpg" width="200" height="200">
                </td>
            </tr>
        </table>
        <table width="660" border="0" align="center" cellpadding="0" cellspacing="0">
            <tr>
                <td width="165" height="50" align="center">
                    <a href="index.html">首页</a>
                </td>
                <td width="165" align="center">
                    <a href="Jhua.html">安徽九华山</a>
                </td>
                <td width="165" align="center">
                        <a href="Ptuo.html">浙江普陀山</a>
                    </td>
                    <td width="165" align="center">
                        <a href="Wtai.html">山西五台山</a>
                </td>
            </tr>
        </table>
    </body>
</html>
```

(3) 安徽九华山网页名为 Jhua.html，版式要求为：创建一个 3 行 4 列的表格；设置表格的宽度、高度和对齐方式(居中对齐)；在第一行输入标题；在第二行和第三行分别插入相应图片，并调整图片的宽度和高度；创建一个 1 行 4 列的表格；设置表格的宽度、高度和对齐方式(居中对齐)；在单元格中分别输入对应的文字内容。显示效果如图 3-18 所示。

图 3-18　Jhua.html 网页显示效果

(4) 浙江普陀山网页名为 Ptuo.html，版式要求为：创建一个 3 行 4 列的表格；设置表格的宽度、高度和对齐方式(居中对齐)；在第一行输入标题；在第二行和第三行分别插入相应图片，并调整图片的宽度和高度；创建一个 1 行 4 列的表格；设置表格的宽度、高度和对齐方式(居中对齐)；在单元格中分别输入对应的文字内容。显示效果如图 3-19 所示。

浙江普陀山

首页　　　　四川峨眉山　　　　安徽九华山　　　　山西五台山

图 3-19　Ptuo.html 网页显示效果

(5) 山西五台山网页名为 Wtai.html，版式要求为：创建一个 3 行 4 列的表格；设置表格的宽度、高度和对齐方式(居中对齐)；在第一行输入标题；在第二行和第三行分别插入相应图片，并调整图片的宽度和高度；创建一个 1 行 4 列的表格；设置表格的宽度、高度和对齐方式(居中对齐)；在单元格中分别输入对应的文字内容。显示效果如图 3-20 所示。

山西五台山

首页　　　　四川峨眉山　　　　安徽九华山　　　　浙江普陀山

图 3-20　Wtai.html 网页显示效果

(6) 依此为各个网页的导航栏创建超链接。

第4章　表格网页布局

在网页设计中，表格占有很重要的地位。在以前，我们主要使用表格来对网页进行布局和分类显示数据。现在，表格在网页制作中主要用来显示后台数据。将后台数据显示在一个表格中，不但可以使数据结构看起来容易阅读，也可以让整个页面美观合理。

本章要点

- 掌握表格创建的方法
- 熟悉表格样式设置
- 掌握表格布局网页的方法

4.1　创　建　表　格

4.1.1　创建表格

在 HTML 网页中，与其他 HTML 元素一样，表格也是由标签组成的。要想创建表格，就需要使用表格相关的标签。创建表格的基本语法格式如下：

```
<table>
    <tr>
        <td>单元格内的文字</td>

    </tr>

</table>
```

下面介绍表格各组成标签的意义。

1. 表格主体标签<table>

<table></table>标签为表格的主体标签，用来定义表格。

2. 行标签<tr>

<tr></tr>标签为表格的行标签，必须嵌套在<table></table>标记中，表格有多少行，就有多少对<tr></tr>标签。

3. 单元格标签<td>

<td></td>标签为表格的单元格标签，必须嵌套在<tr></tr>标记中。一对<tr></tr>中包含几对<td></td>，就表示该行中有多少单元格(或多少个列)。单元格用于存放表格要显示的内容，可以包含文本、图片、列表、段落、表单、水平线、表格等任意的 HTML 内容，这些内容都位于<td></td>标签之间。

【例 4-1】创建一个 2 行 3 列的表格，并且给表格添加边框属性，表格中的宽度和高度由文本内容来决定。

参考代码如下：

```
<!doctype html>
<html>
<head>
    <meta http-equiv="Content-Type" content="text/html;charset=UTF-8">
    <title>创建表格</title>
</head>
<body>
    <table border="1">
        <tr>
            <td>第一行第一列</td>
            <td>第一行第二列</td>
            <td>第一行第三列</td>
        </tr>
        <tr>
            <td>第二行第一列</td>
            <td>第二行第二列</td>
            <td>第二行第三列</td>
        </tr>
    </table>
</body>
</html>
```

保存 HTML 文件，刷新网页，效果如图 4-1 所示。

图 4-1　表格显示效果

如果删除<table>开始标签后的 border="1"，表格的边框效果将去掉，效果如图 4-2 所示。

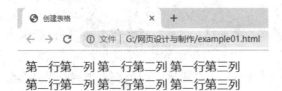

第一行第一列 第一行第二列 第一行第三列
第二行第一列 第二行第二列 第二行第三列

图 4-2　去掉边框后的表格效果图

4.1.2 表格标签

在网页制作中，有时需要设置表格的相关属性用于控制表格的显示样式，<table>标记的属性如表 4-1 所示。

表 4-1　<table>标签属性

属性名	值	描　述
border	像素值	设置表格的边框(默认 border="0"无边框)
cellspacing	像素值(默认为 2 像素)	设置单元格与单元格之间的间距
cellpadding	像素值(默认为 1 像素)	设置单元格内容与单元格边框之间的间距
width	像素值	设置表格的宽度
height	像素值	设置表格的高度
align	left、center、right	设置表格在网页中的水平对齐方式
bgcolor	预定义的颜色值、十六进制#RGB、rgb(r,g,b)	设置表格的背景颜色
background	url 地址	设置表格的背景图像

(1) border 属性。

在<table>标签中，border 属性用于设置表格的边框，默认为 0。如果设置为 1，表示表格具有 1px 大小的边框。如果 border 属性的值发生改变，那么只有表格周围边框的尺寸会发生变化，表格内部的边框仍是 1px 宽。

【例 4-2】创建一边框宽度为 10px 的表格，如图 4-3 所示。

参考代码如下：

```
<!doctype html>
<html>
<head>
    <meta  http-equiv="Content-Type" content="text/html;charset=UTF-8">
    <title>创建表格</title>
</head>
<body>
    <table border="10">
        <tr>
            <td>第一行第一列</td>
            <td>第一行第二列</td>
```

```
            <td>第一行第三列</td>
        </tr>
        <tr>
            <td>第二行第一列</td>
            <td>第二行第二列</td>
            <td>第二行第三列</td>
        </tr>
    </table>
</body>
</html>
```

保存 HTML 文件，刷新网页，在图 4-3 中可以看出表格的外边框变宽了，内边框没有发生变化。<table>标签的 border 属性值改变的是外边框宽度，内边框宽度仍然为 1px。

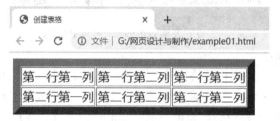

图 4-3　设置表格 border="10"的效果图

(2) cellspacing 属性。

cellspacing 属性用于设置单元格与单元格之间的间距(单位：px)，默认为 2px。

【例 4-3】创建一边框宽度为 10px，单元格与单元格之间间距为 20px 的表格。

参考代码如下：

```
<!doctype html>
<html>
<head>
    <meta  http-equiv="Content-Type" content="text/html;charset=UTF-8">
    <title>创建表格</title>
</head>
<body>
    <table border="10" cellspacing="20">
        <tr>
            <td>第一行第一列</td>
            <td>第一行第二列</td>
            <td>第一行第三列</td>
        </tr>
        <tr>
            <td>第二行第一列</td>
            <td>第二行第二列</td>
```

```
        <td>第二行第三列</td>
    </tr>
    </table>
</body>
</html>
```

保存 HTML 文件，刷新网页，效果如图 4-4 所示。

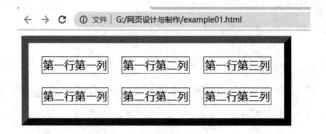

图 4-4　设置表格 cellspacing="20"的效果图

(3) cellpadding 属性。

cellpadding 属性用于设置单元格内容与单元格边框之间的间距(单位：px)，默认为 1px。如果它是一个像素长度单位，这个像素将被应用到所有的四个侧边；如果它是一个百分比的长度单位，内容将被作为中心，总的垂直(上和下)长度将代表这个百分比。这同样适用于总的水平(左和右)空间。

【例 4-4】cellpadding 属性应用。

参考代码如下：

```
<!doctype html>
<html>
<head>
    <meta    http-equiv="Content-Type" content="text/html;charset=UTF-8">
    <title>创建表格</title>
</head>
<body>
    <table border="10" cellspacing="20" cellpadding="20">
        <tr>
            <td>第一行第一列</td>
            <td>第一行第二列</td>
            <td>第一行第三列</td>
        </tr>
        <tr>
            <td>第二行第一列</td>
            <td>第二行第二列</td>
            <td>第二行第三列</td>
        </tr>
```

```
        </table>
    </body>
</html>
```

保存 HTML 文件，刷新页面，效果如图 4-5 所示。

图 4-5　设置表格 cellpadding="20"的效果图

(4) width 与 height 属性。

默认情况下，表格的宽度和高度靠其自身的内容来决定。要想更改表格的尺寸，就需对其应用宽度属性 width 或高度属性 height 进行修改。

【例 4-5】表格 width 与 height 属性应用。

参考代码如下：

```
<!doctype html>
<html>
<head>
    <meta    http-equiv="Content-Type" content="text/html;charset=UTF-8">
    <title>创建表格</title>
</head>
<body>
    <table border="10" cellspacing="20" cellpadding="20" width="600" height="300">
        <tr>
            <td>第一行第一列</td>
            <td>第一行第二列</td>
            <td>第一行第三列</td>
        </tr>
        <tr>
            <td>第二行第一列</td>
            <td>第二行第二列</td>
            <td>第二行第三列</td>
        </tr>
    </table>
</body>
</html>
```

保存 HTML 文件，刷新页面，效果如图 4-6 所示。

图 4-6　设置表格的宽高效果图

(5) align 属性。

align 属性用于定义元素的水平对齐方式,其可选属性值为 left、center、right。当对<table>标签应用 align 属性时, 控制的为表格的水平对齐方式, 单元格中的内容不受影响。

【例 4-6】表格 align 属性应用。

参考代码如下:

```
<!doctype html>
<html>
<head>
    <meta http-equiv="Content-Type" content="text/html;charset=UTF-8">
    <title>创建表格</title>
</head>
<body>
  <table border="10" cellspacing="20"
         cellpadding="20"  width="600"
         height="300" align="center">
      <tr>
          <td>第一行第一列</td>
          <td>第一行第二列</td>
          <td>第一行第三列</td>
      </tr>
      <tr>
          <td>第二行第一列</td>
          <td>第二行第二列</td>
          <td>第二行第三列</td>
      </tr>
    </table>
</body>
</html>
```

保存 HTML 文件, 刷新网页, 效果如图 4-7 所示。表格位于浏览器的水平居中位置,单元格中的内容位置保持不变。

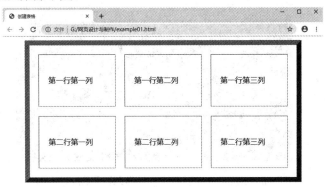

图 4-7 设置表格水平居中对齐效果图

(6) bgcolor 属性。

在<table>标记中，bgcolor 属性用于设置表格的背景颜色。

【例 4-7】表格 bgcolor 属性应用。

参考代码如下：

```
<!doctype html>
<html>
<head>
    <meta http-equiv="Content-Type" content="text/html;charset=UTF-8">
    <title>创建表格</title>
</head>
<body>
 <table border="10" cellspacing="20"
        cellpadding="20" width="600"
        height="300" align="center" bgcolor="red">
     <tr>
         <td>第一行第一列</td>
         <td>第一行第二列</td>
         <td>第一行第三列</td>
     </tr>
     <tr>
         <td>第二行第一列</td>
         <td>第二行第二列</td>
         <td>第二行第三列</td>
     </tr>
    </table>
 </body>
 </html>
```

保存 HTML 文件，刷新网页，效果如图 4-8 所示。

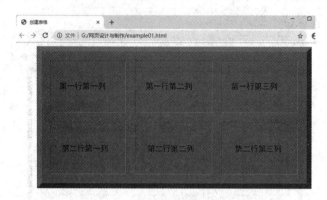

图 4-8　设置表格背景颜色效果图

(7) background 属性。

在<table>标签中，background 属性用于设置表格的背景图像。

【例 4-8】表格 background 属性应用。

参考代码如下：

```
<!doctype html>
<html>
  <head>
    <meta  http-equiv="Content-Type" content="text/html;charset=UTF-8">
    <title>创建表格</title>
  </head>
  <body>
        <table border="10" cellspacing="20"
              cellpadding="20" width="600"
              height="300" align="center"
              bgcolor="red" background="img1.jpg">
        <tr>
            <td>第一行第一列</td>
            <td>第一行第二列</td>
            <td>第一行第三列</td>
        </tr>
        <tr>
            <td>第二行第一列</td>
            <td>第二行第二列</td>
            <td>第二行第三列</td>
        </tr>
      </table>
  </body>
</html>
```

保存 HTML 文件，刷新网页，效果如图 4-9 所示。

图 4-9　设置表格背景效果图

4.1.3　表格行标签

制作网页时，有时需要表格中的某一行特殊显示，这时就可以为行标签<tr>定义属性。<tr>标签的属性如表 4-2 所示。

表 4-2　<tr>标签属性

属性名	值	描述
height	像素值	设置行高度
align	left、center、right	设置一行内容的水平对齐方式
valign	top、middle、bottom	设置一行内容的垂直对齐方式
bgcolor	预定义的颜色值、十六进制#RGB、rgb(r,g,b)	设置行背景颜色

表 4-2 中列出了<tr>标签的常用属性，其中大部分属性与<table>标签的属性相同，用法也类似。接来下创建一个表格来演示标签<tr>的常用属性效果。

【例 4-9】<tr>标签的应用，显示效果如图 4-10 所示。

参考代码如下：

```
<!doctype html>
<html>
  <head>
    <meta http-equiv="Content-Type" content="text/html;charset=UTF-8">
    <title>tr 的属性</title>
  </head>
  <body>
    <table border="1" width="300" height="200" align="center">
    <tr height="50" align="center" valign="middle" bgcolor="red">
        <td>学号</td>
        <td>姓名</td>
```

```
            <td>语文</td>
            <td>数学</td>
            <td>英语</td>
        </tr>
        <tr>
            <td>1001</td>
            <td>张三</td>
            <td>94</td>
            <td>89</td>
            <td>99</td>
        </tr>
        <tr>
            <td>1002</td>
            <td>李四</td>
            <td>97</td>
            <td>93</td>
            <td>78</td>
        </tr>
        <tr>
            <td>1003</td>
            <td>王五</td>
            <td>79</td>
            <td>89</td>
            <td>69</td>
        </tr>
    </table>
  </body>
</html>
```

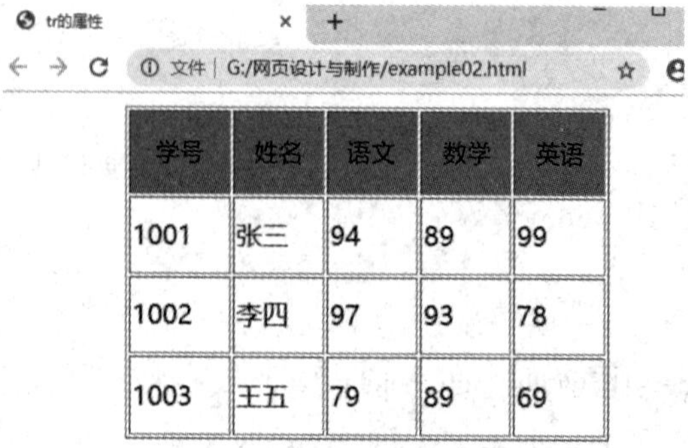

图 4-10 设置行标签<tr>的属性显示效果

在图 4-10 中可以看出，表格中的第一行内容按照设置的高度显示，文本内容水平居中，且添加了红色背景。值得注意的是，<tr>标签无宽度属性 width，其宽度取决于表格标签 <table>；可以对<tr>标签应用 valign 属性，用于设置一行内容的垂直对齐方式；虽然可以对<tr>标签应用 background 属性，但是在<tr>标签中此属性兼容问题严重。

4.1.4　单元格标签

在网页制作过程中，有时仅需要对某一个单元格进行控制，这时就可以为单元格标签 <td>定义属性。其常用属性如表 4-3 所示。

表 4-3　　<td>标签常用属性

属性名	值	描述
width	设置单元格的宽度	像素值
height	设置单元格的高度	像素值
align	设置单元格内容的水平对齐方式	left、center、right
valign	设置单元格内容的垂直对齐方式	top、middle、bottom
bgcolor	设置单元格的背景颜色	预定义的颜色值、十六进制#RGB、rgb(r,g,b)
background	设置单元格的背景图像	url 地址
colspan	设置单元格横跨的列数 （用于合并水平方向的单元格）	正整数
rowspan	设置单元格竖跨的行数 （用于合并竖直方向的单元格）	正整数

表 4-3 中列出了<td>标签的常用属性。在<td>标签的属性中，重点掌握 colspan 和 rolspan，其他的属性了解即可，不建议使用，均可用 CSS 样式属性替代。当对某一个<td>标签应用 width 属性设置宽度时，该列中的所有单元格均会以设置的宽度显示；当对某一个<td>标签应用 height 属性设置高度时，该行中的所有单元格均会以设置的高度显示。

【例 4-10】表格中合并单元格的应用，如图 4-11 所示。

```
<!doctype html>
<html>
  <head>
    <meta  http-equiv="Content-Type" content="text/html;charset=UTF-8">
    <title>td 的属性</title>
  </head>
  <body>
    <table border="1" width="300" height="200" align="center">
    <tr height="50" align="center" valign="middle" bgcolor="red">
      <td>学校名称</td>
      <!--合并水平方向上的两个单元格，即合并两列-->
    <td colspan="2">北京小学</td>
```

```
        </tr>
        <tr align="center">
            <td>年级</td>
            <td>科目</td>
            <td>平均分数</td>
        </tr>
        <tr align="center">
            <!--合并垂直方向上的两个单元格，即合并两行-->
            <td rowspan="2">六年级</td>
            <td>语文</td>
            <td>89</td>
        </tr>
        <tr align="center">
            <td>数学</td>
            <td>96</td>
        </tr>
    </table>
    </body>
</html>
```

保存 HTML 文件，刷新网页，显示效果如图 4-11 所示。

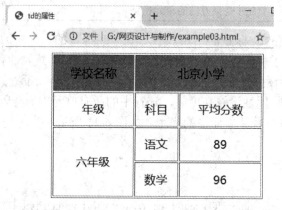

图 4-11 设置单元格<td>标签属性的效果图

在例 4-10 中，通过将<td>标签的 colspan 属性设置为 2，使当前单元格横跨 2 列；将<td>标签的 rowspan 属性设置为 2，使当前单元格竖跨 2 行。

4.1.5 列标题标签

<th></th>标签为表格特有的表示表头单元格的标签，表头一般位于表格的第一行或第一列，其文本加粗居中，如图 4-12 所示。设置表头非常简单，只需用表头标签<th></th>替代相应的单元格标签<td></td>即可。

下面在例 4-10 的基础上对代码进行修改，用于演示<th>标签的使用方法。将原代码中"学校名称"和"北京小学"的标签<td></td>修改为<th></th>，代码如下：

```
<th>学校名称</th>
<th colspan="2">北京小学</th>
```

保存 HTML 文件，刷新网页，效果如图 4-12 所示。

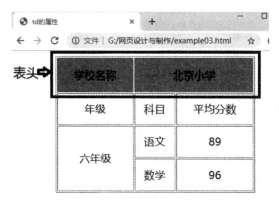

图 4-12　设置表头标签效果图

在图 4-12 中，<th>标签定义的文本默认显示为粗体。

4.2　表格样式设置

表格作为传统的 HTML 元素在网页制作中的作用是不可取代的，它不仅是实现数据显示的最好方式，而且还可以轻松地对网页元素进行排版。

1. 用 CSS 设置表格边框

表格的边框及宽、高等可以由<table>标记的属性设置，直接写在 HTML 结构中。同样这些特性也可以由 CSS 控制，写在样式表中，更方便技术人员操作和修改。

【例 4-11】CSS 控制表格边框的应用。

```
<!doctype html>
<html>
  <head>
    <meta    http-equiv="Content-Type" content="text/html;charset=UTF-8">
    <title>css 样式控制表格边框</title>
    <style type="text/css">
      table{
        width: 300px;
        height: 300px;
        border: 1px solid red;/*设置 table 的边框*/
        text-align: center;
        margin: 0 auto;
```

```
                }
            </style>
        </head>
        <body>
        <table>
            <tr>
                <th>学号</th>
                <th>姓名</th>
                <th>性别</th>
                <th>年龄</th>
            </tr>
            <tr>
                <td>1001</td>
                <td>吴倩</td>
                <td>女</td>
                <td>18</td>
            </tr>
            <tr>
                <td>1002</td>
                <td>张伟</td>
                <td>男</td>
                <td>19</td>
            </tr>
            <tr>
                <td>1003</td>
                <td>李璐</td>
                <td>女</td>
                <td>18</td>
            </tr>
        </table>
        </body>
    </html>
```

第 7～13 行代码用于设置表格的宽高、边框等样式。效果如图 4-13 所示。

从图 4-13 中可以看出，虽然通过 CSS 设置了表格的边框样式，但是单元格并没有添加任何边框效果。所以在设置表格的边框时，还要给单元格单独设置相应的边框。在例 4-13 的 CSS 样式代码中添加如下代码：

```
td,th{border: 1px solid red;}/*为单元格单独设置边框*/
```

保存 HTML 文件，刷新网页，效果如图 4-14 所示。

图 4-13　CSS 设置表格边框效果图

图 4-14　CSS 设置单元格边框效果图

从图 4-14 中，我们可以看出单元格被添加上了边框的效果。

2. 用 CSS 设置单元格边框

要设置单元格内容与边框之间的距离，可对<td>标签应用内边距样式属性 padding，或对<table>标签应用 HTML 标签属性 cellpadding。而<td>标签无外边距属性 margin，要想设置相邻单元格边框之间的距离，只能对<table>标签应用 HTML 标签属性 cellspacing。

【例 4-12】CSS 控制表格边框的应用。

```
<!doctype html>
<html>
  <head>
    <meta    http-equiv="Content-Type" content="text/html;charset=UTF-8">
    <title>css 控制单元格边框</title>
    <style type="text/css">
      td{
        padding: 10px;
```

```
                margin: 10px;
            }
        </style>
    </head>
    <body>
        <table border="1">
            <tr>
                <td>学号</td>
                <td>姓名</td>
                <td>性别</td>
                <td>年龄</td>
            </tr>
            <tr>
                <td>1001</td>
                <td>吴倩</td>
                <td>女</td>
                <td>18</td>
            </tr>
            <tr>
                <td>1002</td>
                <td>张伟</td>
                <td>男</td>
                <td>19</td>
            </tr>
            <tr>
                <td>1003</td>
                <td>李璐</td>
                <td>女</td>
                <td>18</td>
            </tr>
        </table>
    </body>
</html>
```

第 7～10 行代码设置了单元格内容与边框的距离和相邻单元格边框之间的距离，第 14 行代码给表格添加了 1px 的边框。

保存 HTML 文件，刷新网页，效果如图 4-15 所示。

图 4-15　CSS 控制表格边框效果图

　　从图 4-15 中可以看出单元格内容与边框之间拉开了一定的距离，但是相邻单元格边框之间的距离没有任何变化，也就是对单元格设置的外边距属性 margin 没有生效。

3. 用 CSS 设置单元格宽度高度

　　通过<td>标签的 width 属性和 height 属性可以设置单元格的宽度和高度。同样通过 CSS 样式也可以控制单元格宽度和高度。

　　【例 4-13】CSS 控制表格宽度和高度的应用。

```
<!doctype html>
<html>
  <head>
    <meta http-equiv="Content-Type" content="text/html;charset=UTF-8">
    <title>css 控制单元格的宽度和高度</title>
    <style type="text/css">
        table{
            border: 1px solid red;
        }
        td{
            border: 1px solid red;
        }
        .one{
            width: 150px;
            height: 100px;
        }
        .two{
            width: 100px;
            height: 100px;
        }
        .three{
            width: 150px;
```

```
            height: 50px;
        four{
            width: 100px;
            height: 50px;
        }
    </style>
</head>
<body>
    <table>
        <tr>
            <td class="one">第一行第一列</td>
            <td class="two">第一行第二列</td>
        </tr>
        <tr>
            <td class="three">第二行第一列</td>
            <td class="four">第二行第二列</td>
        </tr>
    </table>
</body>
</html>
```

在上述代码中，定义了一个两行两列的表格，并将第一行第一列的单元格的宽度设置为 150 px，高度设为 100 px；第一行第二列和第二行第一列的单元格的宽度设为 100 px，高度设为 50 px。

保存 HTML 文件，刷新网页，效果如图 4-16 所示。

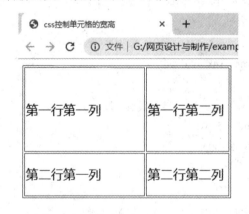

图 4-16　设置单元格的宽度和高度效果图

从图 4-16 中可以看出，第一行第一列和第一行第二列单元格的高度相同，均为 100px。第一行第一列和第二行第一列的单元格的宽度相同，均为 150px。因此可以得出，对同一行中的单元格定义不同的高度，或对同一列中的单元格定义不同的宽度时，同一行中高度相同，同一列中宽度相同，且都取其中的较大者。

4.3　表格布局网页

虽然表格布局逐渐被 DIV+CSS 布局取代，但是作为传统的 HTML 元素，表格在网页制作中的作用是不可取代的。它不仅是实现数据显示的最好方式，而且还可以轻松地对网页元素进行排版。下面将通过具体的案例进行讲解。

【例 4-14】采用<table >标签布局制作重庆绿色环保工程有限公司网页，效果如图 4-17所示。

图 4-17　重庆绿色环保工程有限公司网页

下面对重庆绿色环保工程有限公司网页进行整体布局：新建一个 HTML 文件，命名为index.html，然后使用<table>标签对网页进行布局。具体代码如下：

```
<!doctype html>
<html>
  <head>
    <meta charset="UTF-8">
    <title>重庆绿色环保工程有限公司</title>
  </head>
  <body>
    <table align="center">
      <!--banner-->
      <tr>
        <td></td>
      </tr>
      <!--menu-->
      <tr>
        <td></td>
```

```
            </tr>
            <!--navigation-->
            <tr>
                <td></td>
            </tr>
            <!--content-->
            <tr>
                <td></td>
            </tr>
            <!--footer-->
            <tr>
                <td></td>
            </tr>
        </table>
    </body>
</html>
```

在上述代码中，分别定义了横幅、菜单栏、导航、内容、底部 5 个区域。

1. 设计横幅区域

横幅区域主要是由图片构成，采用<img>标签定义，具体代码如下：

```
    <!--banner-->
        <tr>
            <td>
                <img src="images/banner.jpg">
            </td>
        </tr>
```

保存代码，效果如图 4-18 所示。

图 4-18　横幅区域效果图

2. 设计菜单栏

菜单栏区域目前主要是由图片构成，采用<img>标签定义，具体代码如下：

```
    <!--menu-->
        <tr>
            <td>
                <img src="images/menu.jpg">
```

```
    </td>
</tr>
```

保存代码，效果如图 4-19 所示。

图 4-19 菜单栏效果图

3. 制作导航区域

导航区域主要由文字构成，使用< span>标签来定义，具体代码如下：

```
<!--navigation-->
<tr bgcolor="#E3E9EC">
    <td width="960px" height="15px">
        <span style="font-size: 12px;">首页>>关于环保</span>
    </td>
</tr>
```

在上述代码中，设置了该单元格背景颜色为#E3E9EC，宽度为 960 px，高度为 15 px，并且采用行内样式设置了字体大小为 12 px。

保存代码，效果如图 4-20 所示。

图 4-20 导航区域效果图

4. 制作内容区域

内容区域主要是由图片和段落文字构成，图片使用<img>标签定义，段落文字可以使用<p>标签来定义。内容区域不只一个内容，如涉及到重新布局，可在表格中再嵌套一个表格进行布局，代码如下：

```
<!--content-->
<tr>
    <td width="960px">
```

```
<table>
    <tr>
        <td width="40%">
            <img src="images/hb.jpg">
        </td>
        <td width="60%">
            <p style="text-indent: 2em">
                环境保护是人类有意识地保护自然资源并使其得到合理的利用，防
止自然环境受到污染和破坏；对受到污染和破坏的环境必须做好综合治理，以创造出适合于人类生
活、工作的环境。环境保护是指人类为解决现实的或潜在的环境问题，协调人类与环境的关系，保
障经济社会的持续发展而采取的各种行动的总称。 其方法和手段有工程技术的、行政管理的，也有
法律的、经济的、宣传教育的等。人们为了生活，会储粮存钱；企业为了顺利开展生产，会储存资
金和资源；人类为了维护生态安全，则要储存“绿色资本”。因为绿色既是生命与健康的象征，也是
文明与环保的标志，更是我们赖以生存的环境基色。 如果没有了绿色，就会威胁到我们人类的生存
与发展，地球也将面临物种灭绝。所以，携手共存“绿色资本”，已成为世界各国应对生态危机的共
识和责任“只要人人献出一点爱，世界将变成美好的人间”。保护环境，保护我们共同的家园，是每
个公民义不容辞的责任。
            </p>
        </td>
    </tr>
</table>
        </td>
    </tr>
```

在上述代码中，style="text-indent: 2em"表示采用行内样式给段落设置了首行缩进两个字符。保存代码，效果如图 4-21 所示。

4-21 内容区域效果图

5. 制作底部区域

网页底部区域主要用来声明网页版权信息，可以使用段落标签来定义，具体代码如下：

```
<!--footer-->
    <tr>
        <td bgcolor="#0A7CC0" width="960px" height="15px">
            <p style="font-size: 12px; color: white" align="center">版权所有©重庆绿色环保工程
有限公司 地址：重庆市渝北区新牌坊 66 号</p>
        </td>
    </tr>
```

保存代码，效果图如图 4-22 所示。

图 4-22　底部区域效果图

本 章 小 结

本章主要介绍了构建表格的 HTML 结构和使用 CSS 美化表格的方法。学完本章内容后，读者应掌握与表格相关的 HTML 标签使用方法，如表格标签<table>、行标签<tr>和单元格标签<td>等的使用此外还应掌握如何使用 CSS 修饰表格。

项 目 实 训

实训 1　采用<table>标签布局制作个人简历，效果如图 4-23 所示。

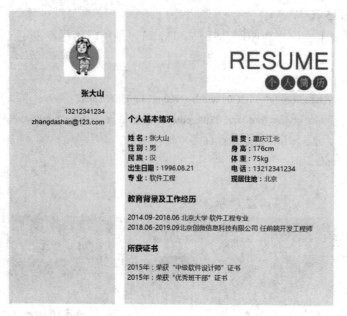

图 4-23 个人简历效果图

下面对"个人简历"网页进行整体布局：从效果图可以看出网页由左边、中间、右边 3 部分构成，采用<table>标签完成网页整体布局，定义一个 1 行 3 列的表格。代码如下：

```
<!doctype html>
<html>
  <head>
    <meta charset="UTF-8">
    <title>个人简历</title>
  </head>
  <body>
    <table align="center" width="800" height="700">
      <tr>
        <!--左边部分-->
        <td width="260" bgcolor="#faebd7" valign="top">
        </td>
        <!--中间部分-->
        <td width="20">
        </td>
        <!--右边部分-->
        <td width="500" bgcolor="#faebd7" valign="top">
        </td>
      </tr>
    </table>
```

```
        </body>
    </html>
```

在上述代码中设置整个表格的宽度为 800 px，高度为 700 px，其中左边部分占 260 px，中间间隔部分占 20 px，右边部分占 500 px，并且让整个表格居中显示，如图 4-24 所示。第 11 行代码设置了左边部分背景颜色为#faebd7 以及单元格垂直对齐方式为靠上对齐。第 19 行代码为右边部分设置了相同的背景颜色和对齐方式。

图 4-24　个人简历网页布局

接下来分别讲解每个部分的结构和代码。

1. 左边部分

网页左边采用一个 5 行 1 列的表格来进行布局。表格里面的内容主要由图片和文字构成，图片可以采用<img>标签来进行定义，文本可以采用<span>标签来定义，具体代码如下：

```
        <!--左边部分-->
        <td width="260" bgcolor="#faebd7" valign="top">
            <table>
                <tr>
                    <td height="50"></td>
                </tr>
                <tr>
                    <td width="230" align="right"><img src="1.jpg"></td>
                </tr>
                <tr>
                    <td width="230" align="right">
                        <h3>张大山</h3>
                    </td>
                </tr>
                <tr>
```

```
            <td width="230" align="right">
                <span>13212341234</span>
            </td>
        </tr>
        <tr>
            <td width="230" align="right">
                <span>zhangdashan@123.com</span>
            </td>
        </tr>
    </table>
</td>
```

效果如图 4-25 所示。

图 4-25　个人简历左边部分效果图

2．中间部分

个人简历网页的中间部分没有任何内容，可以不添加其他代码。

3．右边部分

从图 4-23 所示效果图可以看出右边部分可以采用一个 6 行 1 列的表格来进行布局，包括第 1 行空白区域、第 2 行的图片、第 3 行的分割线、第 4 行的个人基本情况、第 5 行的教育背景及工作经历、第 6 行的所获证书。右边部分由文字、图片、分割线构成，可以采用<img>、<span>、<b>、<hr>标签来定义。先定义前 3 行，具体代码如下：

```
<!--右边部分-->
        <td width="500" bgcolor="#faebd7" valign="top">
            <table width="500">
                <tr>
                    <td height="50"></td>
                </tr>
```

```
    <tr>
        <td align="right">
            <img src="grjl.png">
        </td>
    </tr>
    <tr>
        <td>
            <hr>
        </td>
    </tr>
    <!--个人基本情况-->
    <tr>
        <td></td>
    </tr>
    <!--教育背景及工作经历-->
    <tr>
        <td></td>
    </tr>
    <!--所获证书-->
    <tr>
        <td></td>
    </tr>
    </table>
</td>
```

显示效果如图 4-26 所示。

图 4-26　个人简历网页右边部分效果图

接下来制作右边部分的个人基本情况部分。从图 4-23 所示效果图可以看出，个人基本情况部分都是由文字构成，我们可以定义一个 6 行两列的表格来进行布局，其中第 1 行需要跨两列，具体代码如下：

```
<!--个人基本情况-->
<tr>
    <td>
        <table width="500">
            <tr>
                <td colspan="2"><b><h3>个人基本情况</h3></b></td>
            </tr>
            <tr>
                <td><b>姓  名：</b><span>张大山</span></td>
                <td><b>籍  贯：</b><span>重庆江北</span></td>
            </tr>
            <tr>
                <td><b>性  别：</b><span>男</span></td>
                <td><b>身  高：</b><span>176cm</span></td>
            </tr>
            <tr>
                <td><b>民  族：</b><span>汉</span></td>
                <td><b>体  重：</b><span>75kg</span></td>
            </tr>
            <tr>
                <td><b>出生日期：</b><span>1996.08.21</span></td>
                <td><b>电  话：</b><span>13212341234</span></td>
            </tr>
            <tr>
                <td><b>专  业：</b><span>软件工程</span></td>
                <td><b>现居住地：</b><span>北京</span></td>
            </tr>
        </table>
    </td>
</tr>
```

显示效果如图 4-27 所示。

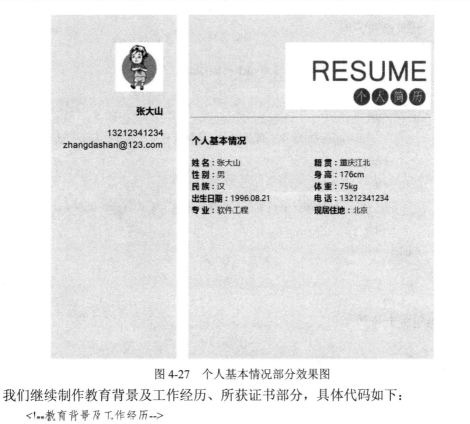

图 4-27　个人基本情况部分效果图

我们继续制作教育背景及工作经历、所获证书部分，具体代码如下：

```
<!--教育背景及工作经历-->
<tr>
    <td>
        <table width="500">
            <tr>
                <td><b><h3>教育背景及工作经历</h3></b></td>
            </tr>
            <tr>
                <td><span>2014.09-2018.06 北京大学 软件工程专业</span></td>
            </tr>
            <tr>
                <td><span>2018.06-2019.09 北京创微信息科技有限公司 任前端开发工程师
</span>                    </td>
            </tr>
        </table>
    </td>
</tr>
<!--所获证书-->
<tr>
    <td>
```

```
<table width="500">
    <tr>
        <td><b><h3>所获证书</h3></b></td>
    </tr>
    <tr>
        <td><span>2015 年：荣获"中级软件设计师"证书</span></td>
    </tr>
    <tr>
        <td><span>2015 年：荣获"优秀班干部"证书</span></td>
    </tr>
</table>
    </td>
    </tr>
```

显示效果如图 4-28 所示。

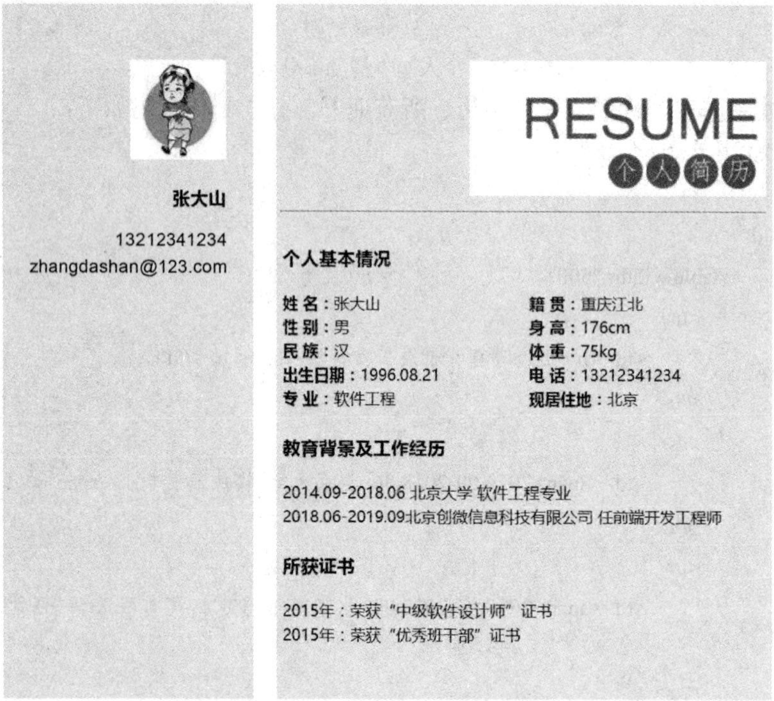

图 4-28　教育背景及工作经历、所获证书部分效果图

实训 2　制作一个表格形式的月历(以 2018 年 10 月为例)，此月历的基本结构如图 4-29 所示，显示效果为：9 月及 11 月的部分日期颜色为灰色，而 10 月的日期颜色为黑色；当将鼠标指针移动到单元格上时，单元格的颜色会发生变化。

2018年10月

星期日	星期一	星期二	星期三	星期四	星期五	星期六
30	1	2	3	4	5	6
7	8	9	10	11	12	13
14	15	16	17	18	19	20
21	22	23	24	25	26	27
28	29	30	31	1	2	3

图 4-29　表格形式月历基本结构

本实训分成两部分进行制作：第 1 部分主要是使用<table>及其他表格组成标签，构建 2018 年 10 月份的月历内容及其结构；第 2 部分是使用 CSS 来美化这个表格，并做到当将鼠标指针移动到单元格上时会有颜色变化的效果。

1. 构建 HTML 结构

制作该月历需要创建一个有标题的 6 行 7 列的表格，可以使用<caption></caption>创建表格标题。表格的上面两行和最后一行的部分单元格背景颜色较深，需要单独处理。为此，在对应的单元格<td>标签中添加 class 属性，class 名为 nouse。第一行为表格标题<th>，可以单独设置其样式，故不需要为其添加类别名。为了在使用 CSS 修饰表格时能更方便、准确，为该表格添加 id 属性，id 名为 data。网页代码如下：

```
<!doctype html>
<html>
  <head>
    <meta charset="UTF-8">
    <title>制作月历</title>
   </head>
<body>
  <table width="800px" border="0px" cellspacing="0px" cellpadding="0px" id="data">
     <caption align="top">
          2018 年 10 月
     </caption>
     <tr>
        <th>星期日</th>
        <th>星期一</th>
        <th>星期二</th>
        <th>星期三</th>
        <th>星期四</th>
        <th>星期五</th>
```

```
        <th>星期六</th>
    </tr>
    <tr>
        <td class="nouse">30</td>
        <td>1</td>
        <td>2</td>
        <td>3</td>
        <td>4</td>
        <td>5</td>
        <td>6</td>
    </tr>
    <tr>
        <td>7</td>
        <td>8</td>
        <td>9</td>
        <td>10</td>
        <td>11</td>
        <td>12</td>
        <td>13</td>
    </tr>
    <tr>
        <td>14</td>
        <td>15</td>
        <td>16</td>
        <td>17</td>
        <td>18</td>
        <td>19</td>
        <td>20</td>
    </tr>
    <tr>
        <td>21</td>
        <td>22</td>
        <td>23</td>
        <td>24</td>
        <td>25</td>
        <td>26</td>
        <td>27</td>
    </tr>
    <tr>
        <td>28</td>
        <td>29</td>
```

```
            <td>30</td>
            <td>31</td>
            <td class="nouse">1</td>
            <td class="nouse">2</td>
            <td class="nouse">3</td>
        </tr>
    </table>
    </body>
    </html>
```

2. 构建 CSS 样式

表格的结构创建好之后，下面为其添加样式使其成为一个漂亮的月历表格。
采用内嵌样式设置表格样式，代码如下：

```
<style type="text/css">
    #data{
        font-size: 12px;                    /*设置文字的大小*/
        color: #999999;                     /*设置表格文字的颜色*/
        border-collapse: collapse;          /*将表格的相邻边框合并为单一边框*/
    }
    /*设置表格标题的文字样式，这里用嵌套选择器进行设置，代码如下*/
    #data caption{
        font-size: 14px;                    /*设置标题文字的大小*/
        font-weight: bold;                  /*设置标题字体加粗*/
        color: #333333;                     /*设置文字颜色*/
        text-align: center;                 /*设置标题文字居中*/
    }
        /*设置表格表头样式*/
    #data th{
        background-color: #CCCCCC;          /*设置表头背景颜色*/
        border: 1px solid #666666;          /*设置表头的边框样式*/
        color: #3399FF;                     /*设置表头的文字颜色*/
        width: 100px;                       /*设置单元格宽度*/
        height: 15px;                       /*设置单元格高度*/
        padding: 10px;                      /*设置表头文字同单元格边框的距离*/
    }
    /*设置单元格样式*/
    #data td{
        border: 1px solid #666666;          /*设置单元格边框样式*/
        color: #000000;                     /*设置单元格文字颜色*/
        width: 100px;                       /*设置单元格宽度*/
        height: 60px;                       /*设置单元格高度*/
```

```
        text-align: center;              /*设置单元格文字居中*/
        font-size: 14px;                 /*设置单元格字体大小*/
    }
</style>
```

表格的初步设置效果如图 4-30 所示。

2018年10月						
星期日	星期一	星期二	星期三	星期四	星期五	星期六
30	1	2	3	4	5	6
7	8	9	10	11	12	13
14	15	16	17	18	19	20
21	22	23	24	25	26	27
28	29	30	31	1	2	3

图 4-30 表格的初步设置效果

我们设置了月历部分单元格的背景和文字颜色，从前面的设计要求可以知道，在这个月历中 9 月(9 月 30 日)和 11 月(11 月 1 日～11 月 3 日)的日期显示单元格背景颜色要求与其他日期不同(背景为灰色)，需要单独定义。在前面创建表格的 HTML 结构时，我们已为这些单元格单独定义了类名 nouse。下面设置类名为 nouse 的单元格样式。

```
    .nouse{
        color: #999999;                  /*设置单元格文字颜色*/
        background-color: #CCCCCC;        /*设置单元格背景颜色*/
    }
```

为表格添加一些动态效果：当鼠标指针移动到表格的某一个单元格上时，单元格的颜色就会发生变化。要让单元格产生变色效果，需要用到 CSS 的伪类选择器。这里使用伪类 hover，代码如下：

```
    #data td:hover{      /*设置单元格在将鼠标指针移动到上面时的样式*/
        background-color: #999900;
    }
```

表格最终效果如图 4-31 所示。

2018年10月						
星期日	星期一	星期二	星期三	星期四	星期五	星期六
30	1	2	3	4	5	6
7	8	9	10	11	12	13
14	15	16	17	18	19	20
21	22	23	24	25	26	27
28	29	30	31	1	2	3

图 4-31 表格最终效果图

第5章　表　单

表单在 HTML 网页中起着重要作用，它是实现网页与浏览者之间交互的一种界面，是与用户交互信息的主要手段。一个表单至少应该包括说明性文字、用户填写的表格、提交和重填按钮等内容，可以实现登录、注册、在线问卷调查等网页的制作。用户通过表单页面填写相关信息，单击网页提交按钮后将收集到的信息发送到网站的服务器，并由服务器端的应用程序对传递的信息进行处理，从而实现了网页与浏览者之间的交互功能。

本章要点

- 掌握表单的概念
- 了解表单中的各个元素
- 掌握表单的使用技巧

5.1　表单标签

5.1.1　表单标签语法结构

标签<form>用于在网页中创建表单。<form>标签是一对双标签，标识表单的起止位置。默认情况下在网页代码中插入表单标签后，在设计视图将会出现一个红色的虚线区域，该区域为表单容器区域，如图 5-1 所示。

图 5-1　表单容器区域

表单标签的语法结构如下：

```
<form action="URL" method="get|post" name="nametext" id="idtext" target="_blank">
    ……
</form>
```

5.1.2　表单标签的属性

表单标签的各个属性如下：

(1) action 属性。

action 属性用于设置处理表单数据程序的 URL 地址。

(2) method 属性。

method 属性用于定义表单中数据发送给服务器的方式。其属性值 get 表示将表单中收集到的数据附加在 action 指定的地址后面传送给服务器。属性值 post 表示将表单中收集到的数据按照 HTTP 传输协议中的 post 传输方式传送到服务器，即将表单数据嵌入到 HTTP 协议中传送到服务器。

(3) name 属性。

name 属性用于设置表单名称，方便用户对表单元素值的引用。

(4) id 属性。

id 属性用于设置表单的 id 标识。

(5) target 属性。

target 属性用于设置表单被处理后数据结果显示在哪个窗口，默认值为 self(本窗口)。当属性值为"_blank"时表示在一个新的浏览器窗口中显示结果；当属性值为"_top"时表示在顶层浏览器窗口中显示结果。

【例 5-1】创建一表单，表单中数据以 post 方式发送给服务器，表单名为 login，处理表单数据的地址为 form.html，代码如下：

```
<!doctype html>
<html>
  <head>
      <meta charset="utf-8">
      <title>表单</title>
  </head>
  <body>
    <form   action="form.html" method="post"
            name="login" id="login" target="_blank">
      ……
    </form>
  </body>
</html>
```

5.2 表 单 对 象

表单是网页上用于输入信息的区域，相当于信息输入的一个容器，其中包含了各种表单对象。用户在表单对象中可输入或选择相应的信息，因此一个表单中应至少包含表单和各个表单对象。

5.2.1 <input>标签

<input>标签是表单中的常用标签，该标签主要用于搜集用户信息，通过其 type 属性来指定标签的输入类型。其语法格式为：

   <input type="text|password|..." align="left|center|right|top|middle|bottom" value="value"
src="URL" maxlength="n" size="n" onclick="function" onselect="function" checked />

<input>标签的各个属性如下：

(1) align 属性。

align 属性用于设置表单的对齐方式，其属性值包括：left(左对齐)、center(居中)、right(右对齐)、top(靠上)、middle(居中)、bottom(靠底)。

(2) value 属性。

value 属性用于设置表单对象的默认值或初始值。

(3) src 属性。

src 属性用于设置图像文件地址，即当 type=image 时设置该属性。

(4) maxlength 属性。

maxlength 属性用于设置单行文本框最多可输入的字符数，其属性值为数值。

(5) size 属性。

size 属性用于设置文本框中的字符宽度。

(6) onclick 属性。

onclick 属性用于设置单击当前对象按钮时要执行的程序代码。

(7) onselect 属性。

onselect 属性用于设置当前对象被选择时要执行的程序代码。

(8) checked 属性。

checked 属性用于设置当前对象默认情况下被选中。

(9) type 属性。

type 属性用于定义当前对象的输入类型。其属性值有：

type=text：表示单行文本框；

type=textarea：表示多行文本框；

type=password：表示密码框，默认情况下密码以实心黑色圆圈表示；

type=checkbox：表示复选框，支持多选；

type=radio：表示单选按钮，支持单选；

type=submit：表示提交按钮，单击该按钮表单中的数据将被提交给服务器；

type=reset：表示重置按钮，单击该按钮清除表单数据，以便重新输入；

type=file：表示插入一个文件；

type=hidden：表示隐藏按钮；

type=image：表示插入一个图像；

type=botton：表示普通按钮，该按钮默认情况下不具备提交或重置功能。

【例 5-2】表单中单行文本框和密码框的应用，如图 5-2 所示。代码如下：

```
<!doctype html>
<html>
  <head>
    <meta charset="utf-8">
    <title>单行文本框和密码框</title>
```

```
    </head>
    <body>
      <form action="" method="post">
        单行文本框<input name="user" id="user" type="text"/>
        密码框<input name="psw" id="psw" type="password">t"/>
      </form>
    </body>
  </html>
```

单行文本框 123	密码框 •••

图 5-2　单行文本框和密码框

【例 5-3】复选框应用，如图 5-3 所示。代码如下：

```
    <!doctype html>
    <html>
      <head>
        <meta charset="utf-8">
        <title>复选框</title>
      </head>
      <body>
        <form action="" method="post">
          爱好：
          <input name="cb1" id="cb1" type="checkbox" value="0"/>唱歌
          <input name="cb2" id="cb2" type="checkbox" value="1"/>跳舞
          <input name="cb3" id="cb3" type="checkbox" value="2"/>篮球
          <input name="cb4" id="cb4" type="checkbox" value="3"/>足球
        </form>
      </body>
    </html>
```

爱好：　☐唱歌　☐跳舞　☐篮球　☐足球

图 5-3　复选框

【例 5-4】单选按钮应用，如图 5-4 所示。代码如下：

```
    <! doctype html >
    <html>
      <head>
        <meta charset="utf-8">
        <title>单选按钮</title>
      </head>
      <body>
```

```
<form action="" method="post">
    性别：
    <input name="sex" id="s1" type="radio" value="0"/>男
    <input name="sex" id="s2" type="radio" value="1"/>女
</form>
</body>
</html>
```

性别：○男 ○女

图 5-4 单选按钮

注意：表单中的单选按钮在使用时需要将<input>标签中的 name 属性的属性值设置为同一值，即将该例中的两个单选按钮归在同一个单选按钮组中，否则将无法实现性别的单选功能。

如果在表单中默认情况下性别为男性，则需要在其对应的<input>标签中添加 checked 属性，用于表示该对象默认情况下已被选择，其代码如下：

```
<input name="sex" id="s1" type="radio" value="0" checked/>男
```

【例 5-5】提交和重置按钮的应用，如图 5-5 所示。代码如下：

```
<! doctype html >
<html>
  <head>
    <meta charset="utf-8">
    <title>提交和重置按钮</title>
  </head>
  <body>
  <form action="" method="post">
      <input name="subm" type="submit" value="提交"/>
      <input name="res" type="reset" value="重置"/>
  </form>
  </body>
</html>
```

提交 重置

图 5-5 提交和重置按钮

其中，提交按钮用于将表单中的数据以 post 方式提交给服务器，重置按钮则将清除表单中的数据，然后重新输入。按钮上的文字内容可通过<input>标签的 value 属性进行设置，如在表单中添加一个"确认"按钮和"取消"按钮，如图 5-6 所示。对应的代码如下：

```
<! doctype html >
<html>
  <head>
    <meta charset="utf-8">
    <title>确认和取消按钮</title>
  </head>
  <body>
  <form action="" method="post">
      <input name="subm" type="submit" value="确认"/>
```

```
        <input name="res" type="reset" value="取消"/>
      </form>
    </body>
  </html>
```

图 5-6　确认按钮和取消按钮

【例 5-6】文件按钮的应用，如图 5-7 所示。代码如下：

```
    <!doctype html >
    <html>
      <head>
        <meta charset="utf-8">
        <title>文件按钮</title>
      </head>
      <body>
        <form action="" method="post">
          <input name="file" id="file" type="file"value="浏览"/>
        </form>
      </body>
    </html>
```

图 5-7　文件按钮

单击表单中的"浏览"按钮将弹出文件选择对话框，用于选择对应的文件。

5.2.2　<select>标签

<select>标签可以在表单中插入一个下拉菜单或列表，其中菜单项要用<option>标签进行定义，其语法格式为：

```
    <select name="nametext" size="n" multiple>
        <option value="value"　selected></option>
    </select>
```

<select>标签的各个属性如下：

(1) name 属性。

name 属性用于设置下拉式菜单的名称。

(2) size 属性。

size 属性用于设置下拉菜单的高度，即一次显示的菜单项的个数。

(3) multiple 属性。

multiple 属性用于设置下拉菜单时候支持多选。

<option>标签的各个属性如下：

(1) value 属性。

value 属性用于设置该项对应的值。

(2) selected 属性。

selected 属性用于设置当前对象默认情况下已被选中。

【例 5-7】用<select>标签在表单中插入下拉菜单，如图 5-8 所示。代码如下：

```
<!doctype html>
<html>
  <head>
    <meta charset="utf-8">
    <title>下拉菜单</title>
  </head>
  <body>
    <form action="" method="post">
      <select name="select1" id="select1">
      <option value="0">网页设计与制作</option>
      <option value="1">图形图像处理</option>
      <option value="2">C 语言程序设计</option>
      </select>
    </form>
  </body>
</html>
```

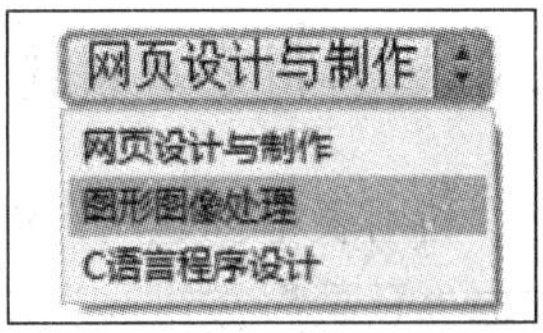

图 5-8 下拉菜单

【例 5-8】用<select>标签在表单中插入列表，如图 5-9 所示。代码如下：

```
<!doctype html >
<html>
  <head>
    <meta charset="utf-8">
    <title>列表</title>
  </head>
  <body>
    <form action="" method="post">
      <select name="select2" size="3" id="select2">
        <option>网页设计与制作</option>
        <option>图形图像处理</option>
        <option>C 语言程序设计</option>
      </select>
    </form>
  </body>
</html>
```

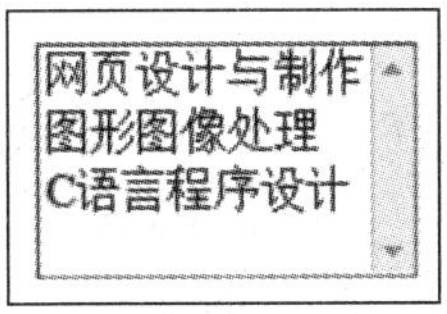

图 5-9 列表

在该列表中，如果默认情况下有某一项被选择了，那么就需要在该项的<option>标签中添加 selected 属性。其代码如下：

```
<form action="" method="post">
  <select name="select2" size="3" id="select2">
    <option>网页设计与制作</option>
    <option>图形图像处理</option>
```

```
    <option  selected >C 语言程序设计</option>
  </select>
</form>
```

该代码表示网页打开后在该列表中默认情况下被选择的项为"C 语言程序设计"这一项。

5.3　表单标签使用技巧

5.3.1　利用表单创建登录界面

利用表单创建用户登录界面需要用户在登录界面中输入账号和密码，用户输入完成后单击"登录"按钮，当用户输入数据有误时，可单击"取消"按钮清除输入的内容。

【例 5-9】利用表单标签创建网页的登录界面，如图 5-10 所示。代码如下：

```
<!doctype html>
<html>
  <head>
    <meta charset="utf-8">
    <title>无标题文档</title>
  </head>

  <body>
    <form action=""   method="post">
      账号：<input type="text" name="user" id="user"/>
      <br/>
      密 码：<input type="password" name="psw" id="psw"/>
      <br/>
      <input type="submit" name="sub" id="sub" value="登录"/>
      <input type="reset" name="rs" id="rs" value="取消"/>
    </form>
  </body>
</html>
```

显示效果如图 5-10 所示。

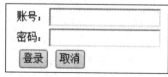

图 5-10　登录界面

5.3.2 利用表单创建下拉菜单和跳转菜单

利用表单创建下拉菜单，在下拉菜单中可包含若干个菜单项。

【例 5-10】利用<select>标签创建下拉菜单，代码如下：

```
<!doctype html>
<html>
  <head>
    <meta charset="utf-8">
    <title>下拉菜单</title>
  </head>
  <body>
    <form action="" method="post">
      请选择：
      <select name="sg" id="sg">
        <option value="0">苹果</option>
        <option value="1">葡萄</option>
        <option value="2">梨子</option>
      </select>
    </form>
  </body>
</html>
```

图 5-11 下拉菜单

显示效果如图 5-11 所示。

在该下拉菜单中，如果默认情况下有某一项被选择了，那么就需要在该项的<option>标签中添加 selected 属性，其代码如下：

```
<form action="" method="post">
  <select name="select1" id="select1">
    <option value="0">苹果</option>
    <option value="1" selected>葡萄</option>
    <option value="2">梨子</option>
  </select>
</form>
```

该代码表示网页打开后在该下拉菜单中默认情况下被选择的项为"葡萄"这一项。

利用表单也可以创建跳转菜单实现网页的跳转功能，当用户选择菜单中的某一项时将会跳转到菜单对应的链接网页。每个菜单项对应一个目标地址，如菜单项中"四川峨眉山"的链接地址为 Emei.html，若用户在该跳转菜单中选择"四川峨眉山"则打开 Emei.html 网页。

【例 5-11】利用<select>标签创建跳转菜单，代码如下：

```
<!doctype html>
```

```
<html>
    <head>
        <meta charset="utf-8">
        <title>跳转菜单</title>
        <script type="text/javascript">
            function MM_jumpMenu(targ,selObj,restore){ //v3.0
                eval(targ+".location='"+selObj.options[selObj.selectedIndex].value+"'");
                if (restore) selObj.selectedIndex=0;
            }
        </script>
    </head>
    <body>
    <form action="" method="post">
请选择要跳转到的页面：
    <select name="jumpMenu" id="jumpMenu" onChange="MM_jumpMenu('parent',this,0)">
        <option value="Emei.html">四川峨眉山</option>
        <option value="Jhua.html">安徽九华山</option>
        <option value="Ptuo.html">浙江普陀山</option>
        <option value="Wtai.html">山西五台山</option>
    </select>
    </form>
    </body>
</html>
```

显示效果如图 5-12 所示。

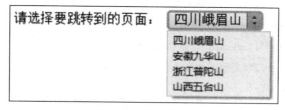

图 5-12　跳转菜单

本 章 小 结

本章主要介绍了表单中的常用对象及其相关属性，主要包括<form>表单标签及其相关属性，强调了 action、method 等属性的使用方法；<input>标签中 type 属性的各个属性值所代表的含义；<select>标签创建下拉菜单的方法。

项 目 实 训

实训 1 利用表单创建用户注册网页。

利用表单创建用户注册网页收集用户的相关信息，用户在该页面中输入相应的信息后单击"提交"按钮，完成注册。单击"重置"按钮，则清空用户输入的信息，然后重新输入。制作如图 5-13 所示网页。

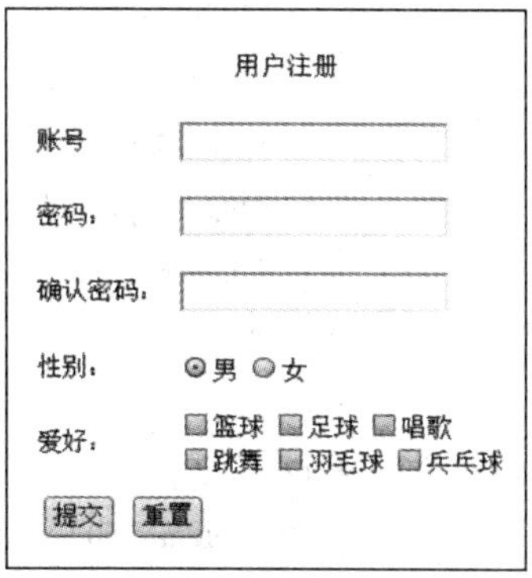

登录网页参考代码如下：

```
<!doctype html>
<html>
  <head>
    <meta   charset="utf-8">
    <title>用户注册</title>
  </head>

<body>
<form action="" method="post">
<table width="315" border="0" cellspacing="0" cellpadding="0">
  <tr>
    <td height="50" colspan="2" align="center">用户注册</td>
  </tr>
  <tr>
    <td width="88" height="50">账号</td>
    <td width="227" height="50"><input name="user" id="user" type="text"></td>
  </tr>
  <tr>
    <td height="50">密码：</td>
    <td height="50"><input type="password" name="psw" id="psw"/></td>
  </tr>
  <tr>
    <td height="50">确认密码：</td>
    <td height="50"><input type="password" name="psw" id="psw"/></td>
  </tr>
  <tr>
    <td height="50">性别：</td>
    <td height="50">
        <input type="radio" name="sex" id="sex" checked/>男
        <input type="radio" name="sex" id="sex"/>女
```

图 5-13　登录网页

```
        </td>
      </tr>
      <tr>
        <td height="50">爱好：</td>
        <td height="50">
          <input type="checkbox" name="ah" id="ah"/>篮球
          <input type="checkbox" name="ah" id="ah"/>足球
          <input type="checkbox" name="ah" id="ah"/>唱歌
          <br/>
          <input type="checkbox" name="ah" id="ah"/>跳舞
          <input type="checkbox" name="ah" id="ah"/>羽毛球
          <input type="checkbox" name="ah" id="ah"/>兵兵球
        </td>
      </tr>
      <tr>
        <td height="50" colspan="2">
          <input type="submit" name="sub" id="sub" value="提交"/>
          <input type="reset" name="res" id="res"    value="重置"/>
        </td>
      </tr>
    </table>
  </form>
</body>
</html>
```

实训 2　利用表单制作简单网上考试系统。

利用表单制作简单网上考试系统的流程为：首先用户通过注册网页进行注册；注册成功后进入登录界面，在登录界面输入用户名和密码进行登录；登录后进入考试课程选择界面；选择相应的考试课程后进入到考试界面。

(1) 制作用户注册网页 zhuce.html，用户输入注册信息后通过表单标签的 action 属性指定处理表单数据的 URL 地址为 login.html，网页显示效果如图 5-14 所示。

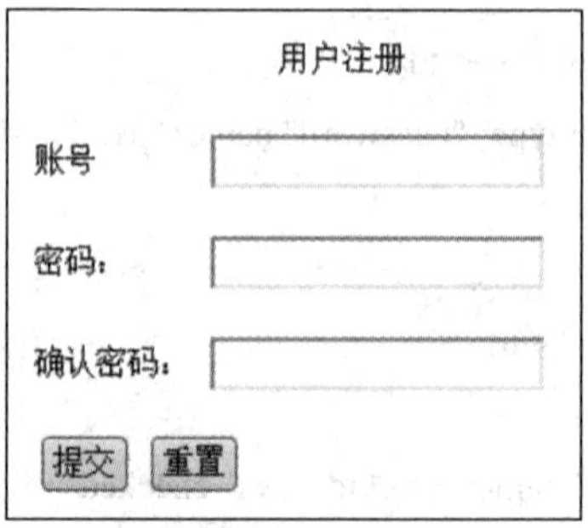

图 5-14　用户注册网页效果图

注册网页参考代码如下：

```html
<!doctype html>
<html>
  <head>
    <meta    charset="utf-8">
    <title>用户注册</title>
  </head>
  <body>
    <form action="login.html" method="post">
      <table width="315" border="0" cellspacing="0" cellpadding="0">
        <tr>
          <td height="50" colspan="2" align="center">用户注册</td>
        </tr>
        <tr>
          <td width="88" height="50">账号</td>
          <td width="227" height="50"><input name="user" id="user" type="text"></td>
        </tr>
        <tr>
          <td height="50">密码：</td>
          <td height="50"><input type="password" name="psw" id="psw"/></td>
        </tr>
        <tr>
          <td height="50">确认密码：</td>
          <td height="50"><input type="password" name="psw" id="psw"/></td>
        </tr>

        <tr>
          <td height="50" colspan="2">
          <input type="submit" name="sub" id="sub" value="提交"/>
          <input type="reset" name="res" id="res"    value="重置"/>
          </td>
        </tr>
      </table>
    </form>
  </body>
</html>
```

(2) 制作用户登录网页 login.html，用户输入登录信息后通过表单标签的 action 属性指定处理表单数据的 URL 地址为 xuanke.html，如图 5-15 所示。

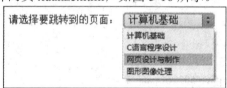

图 5-15　用户登录网页

登录页面参考代码如下：

```
<!doctype html >
<html>
  <head>
     <meta charset="utf-8">
    <title>无标题文档</title>
  </head>
  <body>
    <form action="xuanze.html"    method="post">
      账号：<input type="text" name="user" id="user"/>
       <br/>
      密 码：<input type="password" name="psw" id="psw"/>
       <br/>
      <input type="submit" name="sub" id="sub" value="登录"/>
      <input type="reset" name="rs" id="rs" value="取消"/>
    </form>
  </body>
</html>
```

(3) 制作考试科目选择网页 xuanze.html，如图 5-16 所示。

图 5-16　考试科目选择网页

考试科目选择网页参考代码如下：

```
<!doctype html >
<html>
  <head>
     <meta charset="utf-8">
    <title>跳转菜单</title>
    <script type="text/javascript">
    function MM_jumpMenu(targ,selObj,restore){ //v3.0
        eval(targ+".location='"+selObj.options[selObj.selectedIndex].value+"'");
        if (restore) selObj.selectedIndex=0;
```

```
        }
    </script>
  </head>
<body>
    <form action="" method="post">
        请选择要跳转到的页面：
        <select name="jumpMenu"
            id="jumpMenu"
            onChange="MM_jumpMenu('parent',this,0)">
        <option value="jsj.html">计算机基础</option>
        <option value="c.html">C 语言程序设计</option>
        <option value="page.html">网页设计与制作</option>
        <option value="ps.html">图形图像处理</option>
        </select>
    </form>
  </body>
</html>
```

(4) 选择考试科目后进入到考试网页，如选择"计算机基础"考试科目，则进入到对应的 jsj.html 考试网页；选择"C 语言程序设计"考试科目，则进入到对应的 c.html 考试网页；选择"网页设计与制作"考试科目，则进入到对应的 page.html 考试网页；选择"图形图像处理"考试科目，则进入到对应的 ps.html 考试网页。

现以"网页设计与制作"考试科目为例制作考试网页，如图 5-17 所示，其他考试科目的做法类似于该网页。

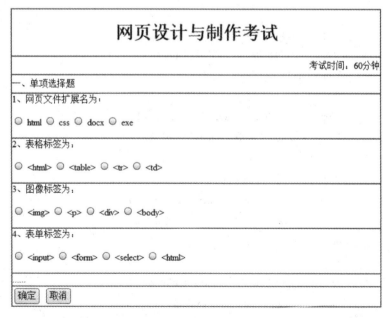

图 5-17　"网页设计与制作"考试科目网页

"网页设计与制作"考试网页参考代码如下：

```
<!doctype html>
<html>
  <head>
      <meta charset="utf-8">
      <title>网页设计与制作考试页面</title>
  </head>
  <body>
  <form action="" method="post">
  <table width="660" border="1" align="center" cellpadding="0" cellspacing="0">
  <tr>
    <td height="80" align="center"><h1>网页设计与制作考试</h1></td>
  </tr>
  <tr>
    <td height="30" align="right">考试时间：60 分钟</td>
  </tr>
<tr>
      <td height="30">一、单项选择题</td>
  </tr>
  <tr>
   <td>
      1、网页文件扩展名为：
       <p>
        <label>
          <input   type="radio"    name="RadioGroup1"
                  value="0"   id="RadioGroup1_0">
          html</label>
        <label>
          <input   type="radio" name="RadioGroup1"
                  value="1" id="RadioGroup1_1">
         css</label>
          <label>
          <input   type="radio"   name="RadioGroup1"
                   value="2"   id="RadioGroup1_2">
         docx</label>
          <label>
          <input   type="radio"    name="RadioGroup1"
                  value="3"   id="RadioGroup1_3">
         exe</label>
```

```
            <br>
        </p></td>
</tr>
<tr>
  <td>
    2、表格标签为：
    <p>
        <label>
          <input   type="radio"   name="RadioGroup2"
                value="0"   id="RadioGroup2_0">
        &lt;html&gt;</label>
        <label>
          <input   type="radio"   name="RadioGroup2"
                value="1"   id="RadioGroup2_1">
        &lt;table&gt;
        </label>
          <label>
          <input   type="radio"   name="RadioGroup2"
                value="2"   id="RadioGroup2_2">
        &lt;tr&gt;
          </label>
          <label>
          <input   type="radio"   name="RadioGroup2"
                value="3"   id="RadioGroup2_3">
        &lt;td&gt;
          </label>
        <br>
    </p>
  </td>
</tr>
<tr>
  <td>
    3、图像标签为：
    <p>
        <label>
          <input type="radio"   name="RadioGroup3"
                value="0"   id="RadioGroup3_0">
        &lt;img&gt;</label>
        <label>
```

```
        <input type="radio"   name="RadioGroup3"
              value="1"   id="RadioGroup3_1">
        &lt;p&gt;
      </label>
        <label>
        <input   type="radio"   name="RadioGroup3"
              value="2"   id="RadioGroup3_2">
        &lt;div&gt;
        </label>
        <label>
        <input   type="radio"   name="RadioGroup3"
              value="3"   id="RadioGroup3_3">
        &lt;body&gt;
        </label>
      <br>
    </p>
  </td>
</tr>
<tr>
  <td>
```

4、表单标签为：

```
  <p>
        <label>
        <input   type="radio"   name="RadioGroup4"
              value="0"   id="RadioGroup4_0">
        &lt;input&gt;
        </label>
        <label>
        <input   type="radio"   name="RadioGroup4"
              value="1"   id="RadioGroup4_1">
        &lt;form&gt;
        </label>
        <label>
        <input   type="radio"   name="RadioGroup4"
              value="2"   id="RadioGroup4_2">
        &lt;select&gt;
        </label>
        <label>
        <input   type="radio"   name="RadioGroup4"
```

```
                    value="3"    id="RadioGroup4_3">
            &lt;html&gt;
                </label>
            <br>
        </p>
</td>
    </tr>
    <tr>
     <td>......</td>
    </tr>
    <tr>
      <td>
        <input   type="submit"   name="sub"   id="sub"   value="确定">
        <input   type="reset"   name="res"   id="res"   value="取消">
      </td>
      </tr>
      </table>
      </form>
      </body>
</html>
```

第 6 章　CSS 基础

通过前面章节的学习，我们明白了 HTML 语言用于定义网页的结构，要制作出符合规范的网页，还需要使用 CSS 来表现网页的外观。使用 CSS 不仅可以静态地修饰网页，还可以配合各种脚本语言动态地对网页各元素进行格式化。使网页设计者能够以更有效的方式设置网页格式。通过本章的学习，可以了解 CSS 的基本概念、CSS 的基本语法、掌握定义 CSS 样式等。

本章要点

- 了解 CSS 的相关概念
- 掌握 CSS 的基本语法
- 掌握定义 CSS 样式

6.1　CSS 概述

CSS 是一种用来表现 HTML 或 XML 等文件样式的计算机语言。CSS 不仅可以静态地修饰网页，还可以配合各种脚本语言动态地对网页各元素进行格式化，使网页设计者能够以更有效的方式设置网页格式。

6.1.1　CSS 的基本概念

CSS(Cascading Style Sheets，层叠样式表单) 通常称为 CSS 样式或层叠样式表。样式就是格式，如网页中文本内容(字体、大小、对齐方式等)，图片的外形(高宽、边框样式、边距等)以及版面的布局等外观显示样式。层叠是指使用不同的添加方式，给同一个 HTML 标签添加样式，最后所有的样式都叠加到一起，共同作用于该标签。

CSS 可以使 HTML 网页更好看，CSS 色系的搭配可以让用户体验更舒服，CSS+DIV 的布局方式使得网页布局更加灵活，更容易制作出用户需要的结构。

6.1.2　CSS 编写规则

CSS 样式可以更精确地控制网页布局，制作出体积更小、下载更快的网页。但在编写过程中如果设计人员管理不当将导致样式混乱以及维护困难等问题。为避免这些问题的出现，本小节将介绍 CSS 编写中的一些基本规则和常用技巧。

1. 目录结构中文件夹命名规则

存放 CSS 样式文件的文件夹一般命名为 style 或 css。

2. 样式文件的命名规则

在网页设计初期，会把不同类别的样式放于不同的 CSS 文件中，是为了 CSS 编写和调试的方便。后期为了网站性能上的考虑，会将不同的 CSS 代码整合到一个 CSS 文件中，这个文件一般命名为 style.css。

3. 选择器的命名规则

规范的命名也是 Web 标准中的重要一项，标准的命名可以更好地看懂代码，也能够给团队合作和后期维护带来便利。通常情况下，选择器由小写英文字母或下划线组成，必须以字母开头，不能为纯数字。样式名须表示样式的大概含义，可参考图 6-1 中的样式命名。

页面功能	命名参考	页面功能	命名参考	页面功能	命名参考
容器	container/box	头部	header	加入	joiuns
导航	nav	底部	footer	注册	regsiter
滚动	scroll	页面主体	main	新闻	news
主导航	mainnav	内容	content	按钮	button
顶导航	topnav	标签页	tab	服务	service
子导航	subnav	版权	copyright	注释	note
菜单	menu	登陆	login	提示消息	msg
子菜单	submenu	列表	list	标题	title
子菜单内容	subMenuContent	侧边栏	sidebar	指南	guide
标志	logo	搜索	search	下载	download
广告	banner	图标	icon	状态	status
页面中部	mainbody	表格	table	投票	vote
小技巧	tips	列定义	column_1of3	友情链接	friendlink

图 6-1　样式命名参考

6.1.3　CSS 使用方式

CSS 定义的样式须应用到 HTML 页面中才能使设计的 CSS 样式有意义。使用 CSS 样式的方法一般有三种：内嵌样式表、内部样式表和外部样式表。其中内嵌样式表和内部样式表不需新建专用 CSS 文件，但链接外部样式表需建立一个专用的 CSS 文件。

(1) 内嵌样式表。

内嵌样式表是将 CSS 代码写在 HTML 代码的标签内。用这种方法，可以很简单地对某个标签单独定义样式表。内嵌样式表只对所定义的标签起作用，并不对整个网页起作用。语法格式如下：

```
<标签 style="属性：属性值；属性：属性值 …">
```

【例 6-1】内嵌式样式表的应用，预览效果如图 6-2 所示。

```
<!doctype html>
<html>
  <head>
    <meta charset="utf-8">
```

```
        <title>内嵌样式表</title>
    </head>
    <body>
        <p style="color:red">此行文字被 style 属性定义为红色显示</p>
        <p>此行文字没有被 style 属性定义为红色显示</p>
    </body>
</html>
```

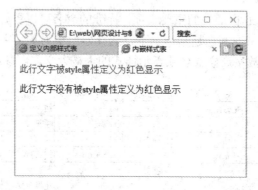

图 6-2　内嵌样式表预览效果

(2) 内部样式表。

内部样式表是指样式的定义处于 HTML 文件的一个单独区域，与 HTML 的具体标签分离开，从而可以实现对某个网页范围的内容进行统一的控制与管理。与内嵌样式表不同，内部样式表处于网页<head>与</head>标签之间。格式如下：

```
<style type="text/css">
  <!--
    选择符 1{属性：属性值；  属性：属性值...}
    选择符 1{属性：属性值；  属性：属性值...}
  -->
</style>
```

【例 6-2】内部样式表的应用，预览效果如图 6-3 所示。

```
<!doctype html>
<html>
  <head>
    <meta charset="utf-8">
    <title>定义内部样式表</title>
    <style type="text/css">
        h1{ color:red;}
    </style>
  </head>
```

```
<body>
    <h1>此行文字被内部样式定义为红色显示</h1>
    <h2>此行文字没有内部样式定义为红色显示</h2>
</body>
</html>
```

图 6-3　内部样式表预览效果

(3) 外部样式表。

外部样式表通过在某个 HTML 网页中添加链接的方式生效。同一个外部样式表可以被一个网页甚至整个网站中的多个网页使用。当编制同一个网站的多个网页时，页面样式往往相同或类似，若每次都在<head></head>中使用相同 CSS 规则就会显得繁琐而复杂，使用外部样式表就可以很好地解决这个问题。

外部样式表把声明的样式放在样式文件中，每个网页使用 <link> 标签链接到样式表。

① 用<link>标签链接样式表文件。

<link>标签必须放到网页<head>···</head>标签内，其格式为：

```
<head>
    <link rel="stylesheet" href="外部样式文件名.css" type="text/css">
</head>
```

其中，rel="stylesheet"属性定义在网页中使用外部的样式表，type="text/css"属性定义文件的类型为样式表文件，href 属性用于定于.css 文件的 URL。

② 使用@import 导入外部样式表。

可以使用@import 命令把外部样式表信息导入到网页中，代码写在<style></style>标记中，代码如下：

```
<style type="text/css">
    @import url("外部样式文件名.css")
</style>
```

6.2　CSS 语法

本节主要介绍有关 CSS 的基本语法构成，包括基本语法、选择器组、类选择器、ID 选择器和 CSS 注释。

6.2.1　CSS 基本语法

CSS 语法由三个部分构成，分别是选择器(selector)、属性(properties)和属性值(property value)，其语法基本格式如下：

> 选择器{属性 1：属性值；　属性 2：属性值...}

(1) CSS 选择器主要包括标签选择器、类选择器、ID 选择器、复合选择器四种。

(2) 属性是定义的具体样式(如颜色/字体等)，每个属性有一个值，网页内容跟随属性的类别而呈现不同样式，一般包括数值、单位以及关键字。

例如：将 HTML 中<body>和</body>标签内的所有文字设置为"华文中宋"，则只需在样式中定义如下：

> body {font-family: "华文中宋"; }

(3) 如果需要对一个选择器指定多个属性时，可以使用分号将所有的属性和属性值分开。例如：

> body {font-family: "华文中宋"; font-size: 12px;}

(4) 为了使定义的样式方便阅读，可以采用分行的方式。例如：

```
body {
    font-family: "华文中宋";
    font-size: 12px;
}
```

6.2.2　标签选择器

标签选择器中的标签其实就是我们经常说的 HTML 代码中的标签，例如 html、span、p、div、a、img 等，使用标签选择器定义的样式是对某一标签样式的重定义。HTML 中每一个标签都可以作为相应的标签选择器的名称。例如设置网页中的 p 标签内一段文字的字体和颜色，那么网页中所有 p 标签都具备相同的字体和颜色，对应的 CSS 代码如下：

> p{font-family: "华文中宋"; Color:red;}

6.2.3　类选择器

类选择器用来定义 HTML 网页中需要特殊表现的样式，如将同一个 HTML 标签呈现不同风格，可以使用元素的 class 属性值为一组元素指定样式。类选择器必须在元素 class 属性值前加"."。class 类选择器的名称以字母开头，字母后面可跟数字，如.car 1，其格式如下：

```
<style type="text/css">
    .类名称 1{属性：属性值；属性：属性值；}
    .类名称 2{属性：属性值；属性：属性值；}

    .类名称 n{属性：属性值；属性：属性值；}
```

　　　　　</style>

　　使用 class 类选择器时，在自定义类的名称前加一个"."号。同时使用类选择器定义的样式可重复多次使用，即不同标签可使用同一类选择器定义的样式。在网页中引用类选择器的代码如下：

　　　　　<标签　class="类名">

　　【例 6-3】用类选择器设置两个段落具有不同的样式，一个段落居中，一个段落右对齐，可以先定义两个类名。

　　　　　<style type="text/css">

　　　　　　　.center{ text-align:center;}

　　　　　　　.right{ text-align:right;}

　　　　　</style>

　　然后将两个类样式应用到两个段落中，在 HTML 标签中加入 CLASS 参数。

　　　　　<body>

　　　　　　　<p class="center">段落居中</p>

　　　　　　　<p class="right">段落向右对齐</p>

　　　　　</body>

　　在浏览器中显示效果如图 6-4 所示。

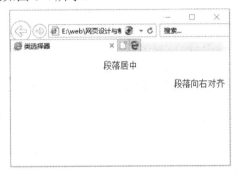

图 6-4　类选择器的应用显示效果

6.2.4　ID 选 择 器

　　ID 选择器用来对某一个元素定义单独的样式。ID 选择器定义的样式通常只能在 HTML 网页中使用一次，针对性更强。定义 ID 选择器要在 ID 名称前加一个"#"号，其格式如下：

　　　　　<style type="text/css">

　　　　　　　#id 名称 1{属性：属性值；属性：属性值；}

　　　　　　　#id 名称 2{属性：属性值；属性：属性值；}

　　　　　　　#id 名称 n{属性：属性值；属性：属性值；}

　　　　　</style>

　　引用类选择器的代码如下：

　　　　　<标签　id="ID 名称">

【例 6-4】用 ID 选择器为<h1>标签中的元素设置颜色为绿色，可以先定义 id 名。

```
<style type="text/css">
    #green{color: green;}
</style>
```

然后将 id 样式用到<h1>标签中。应用方法是在 HTML 标签中设置 id 属性值。

```
<body>
    <h1 id="green">我是绿色的</h1>
</body>
```

在浏览器中显示效果如图 6-5 所示。

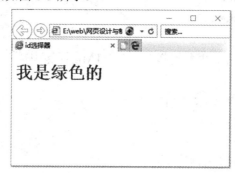

图 6-5　ID 选择器的应用显示效果

6.2.5　复合选择器

复合选择器是通过基本选择器进行组合后构成的，常用的复合选择器有交集选择器、并集选择器、后代选择器。

(1) 交集选择器。

交集选择器由两个选择器直接连接构成，其中第一个必须是标签选择器，第二个必须是类选择器或者 ID 选择器。

【例 6-5】交集选择器实例。

```
<!doctype html>
<html>
  <head>
    <meta charset="utf-8">
    <title>交集复合选择器</title>
    <style type="text/css">
        p{color:blue;}
        p.special{color:red;}
        .special{color:green;}
    </style>
  </head>
  <body>
```

```
<p>普通段落文本(蓝色)</p>
<h3> 普通标题文本(黑色)</h3>
<p class="special">指定了.special 类别的段落文本(红色)</p>
<h3 class="special">指定了.special 类别的段落文本(绿色)</h3>
    </body>
</html>
```

在浏览器中显示效果如图 6-6 所示。

图 6-6　交集选择器显示效果

(2) 并集选择器。

与交集选择器相对应,还有一种并集选择器。任何形式的选择器(包括标签选择器、class 类选择器、ID 选择器等)都可以作为并集选择器的一部分,即相同属性和值的选择器通过逗号连接而成,这样可以减少样式的重复定义。其语法如下:

选择器 1,选择器 2,选择器 3{ 属性 1:属性值;　属性 2:属性值;…}

【例 6-6】并集选择器实例。

```
<!doctype html>
<html>
    <head>
        <meta charset="utf-8">
        <title>并集选择器</title>
        <style type="text/css">
            h1,h2,h3,h4,h5,p{ font-size:18px; color:green;}
            .special,#one{ text-align:center;}
        </style>
    </head>
    <body>
        <h1>1 示例文字</h1>
        <h2>2 示例文字</h2>
        <h3>3 示例文字</h3>
        <h4 class="special">4 示例文字</h4>
        <h5 id="one">5 示例文字</h5>
        <p>6 示例文字</p>
```

```
   </body>
  </html>
```

在浏览器中的显示效果如图 6-7 所示。

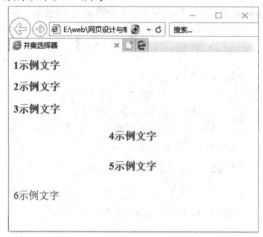

图 6-7　并集选择器的显示效果

(3) 后代选择器。

在 CSS 选择器中，还可以通过嵌套的方式对选择器或者 HTML 标签进行样式控制。当标签发生嵌套时，内层标签成为外层标签的后代。运用后代选择器就可以对某个容器的内层控制，使其他同名的对象不受该规则影响。后代选择器的写法就是把外层标签写在前面，内层标签写在后面，之间用空格隔开。

其格式如下：

选择器 1　选择器 2　选择器 3{ 属性 1：属性值；　属性 2：属性值；…}

【例 6-7】后代选择器实例。

```
   <!doctype html>
   <html>
     <head>
       <meta charset="utf-8">
       <title>后代选择器</title>
       <style type="text/css">
          p span{ color:red;}
          span{ color:blue;}
       </style>
     </head>
   <body>
       <p>嵌套使用<span>CSS 标签</span>的方法</p>
       <span>嵌套之外的标签不生效</span>
   </body>
   </html>
```

在浏览器中的显示效果如图 6-8 所示。

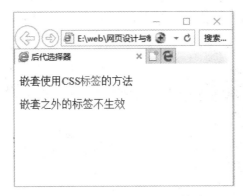

图 6-8　后代选择器的显示效果

6.3　用 CSS 美化网页

6.3.1　在 Dreamweaver 中操作 CSS

创建 CSS 规则步骤如下：

(1) 执行"窗口"→"CSS 样式"命令，打开 CSS 样式面板，单击新建按钮，如图 6-9 所示。弹出"新建 CSS 规则"对话框，如图 6-10 所示。

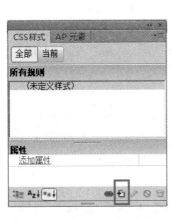

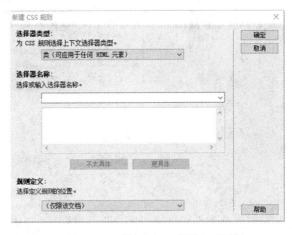

图 6-9　CSS 样式面板　　　　　　图 6-10　"新建 CSS 规则"对话框

(2) 在"为 CSS 规则选择上下文选择器类型"下拉框可以看到有几种不同选项。在 CSS 建立样式时，要根据 CSS 样式应用的对象范围不同，在"选择器类型"中选择不同的选择器。选择好之后，单击"确定"按钮，即完成了 CSS 规则的创建。

【例 6-8】为本例文件 6-8.html 创建 CSS 样式，设置其标题文件(对应标签为<h1>)为黑体、28 px，居中显示。

(1) 打开文件 6-8.html。

(2) 执行"窗口"→"CSS 样式"命令，打开 CSS 样式面板。单击新建按钮，出现如图 6-11 所示"新建 CSS 规则"对话框，在"选择器类型"下拉列表中选择"标签(重新定义 HTML 元素)"，在"选择器名称"下拉列表中选择标签"h1"，"规则定义"为"(仅限该文档)"。

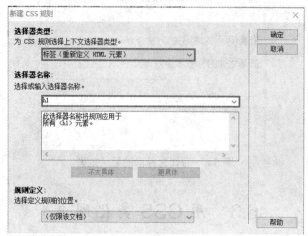

图 6-11　设置选择器

(3) 单击"确定"按钮，弹出"h1 的 CSS 规则定义"对话框，在"类型"中设置字体、字号，如图 6-12 所示。

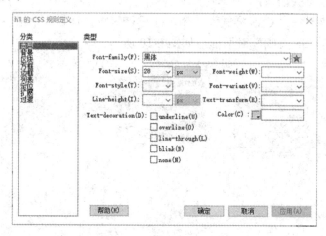

图 6-12　设置字体、字号

(4) 左侧"分类"栏选择"区块"，在区块类型中的"Text-align"栏设置字体对齐方式为"center"，如图 6-13 所示。单击"确定"按钮，完成 h1 标签 CSS 样式设置。

使用这种方法定义 CSS 样式是对选中的 HTML 标签样式进行重新定义，定义后的样式会自动应用到网页中相对应的标签上。上述样式建立后，保存网页为 cx1.html，完成后的样式在浏览器中显示效果如图 6-14 所示。

此时回到代码视图，观察 HTML 文件代码中 CSS 样式的建立，在<head></head>标签之间形成如下代码：

```
<style type="text/css">

    h1 {font-size: 28px; font-family: "黑体"; text-align: center;}

</style>
```

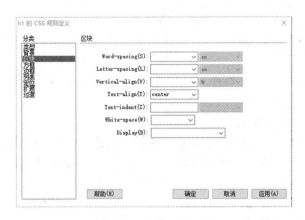

图 6-13　设置居中对齐

图 6-14　CSS 样式在浏览器中的显示效果

6.3.2　CSS 常见属性

1. 类型属性

类型属性可以设置网页中文本的字体、大小、间距和颜色等类型的格式。如图 6-12 所示，面板中显示文本选项的参数设置，其中各参数含义如下：

(1) Font-family：为样式设置字体。

(2) Font-size：设置字体大小。通过选择数字和度量单位设定字体的大小。

(3) Font-style：设置字体样式。指定"正常""斜体"或"偏斜体"作为字体样式。

(4) Line-height：设置行高，即文本所在行的高度。

(5) Text-decoration：设置文本修饰。向文本中添加下划线、上划线或删除线，或使文本闪烁。网页中超链接默认有"下划线"，可以通过选择"无"去除下划线。

(6) Font-weight：设置字体粗细。对字体应用特定或相对的粗体量。

(7) Font-variant：设置文本的小写、大写、字母变形。

(8) Text-transform：设置文本大小写。将所选内容中的每个单词的首字母大写或将文本设置为全部大写或小写。

(9) Color：设置文本颜色。在网页中有两种方式可以指定颜色：一是以颜色名称指定颜色值，如 red 表示红色；二是以 RGB 格式指定颜色值，例如#FF0000 表示红色，#00FF00 表示绿色。

【例 6-9】用 CSS 控制文本样式，设置"大宁河刺绣"网页中带引号的文字为加粗倾斜体。

(1) 在 Dreamweaver CS6 中打开 6-8.html。

(2) 单击"CSS 样式"面板中的新建 CSS 规则按钮，打开"新建 CSS 规则"对话框，"选择器类型"为"类(可应用于任何 HTML 元素)"，在"选择器名称"栏输入"cx"作为新建的 CSS 规则的名称，如图 6-15 所示。

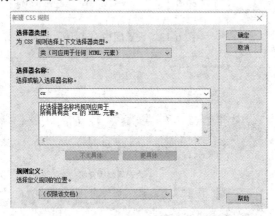

图 6-15　设置"新建 CSS 规则"对话框

(3) 单击"确定"按钮，弹出".cx 的 CSS 规则定义"对话框，在"分类"栏中选择"类型"，在右侧"类型"栏中的"Font-style"中选择斜体，"Font-weight"中选择字体为粗体，如图 6-16 所示。单击"确定"按钮，完成规则.cx 的建立。

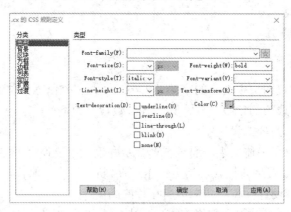

图 6-16　设置.cx 规则

(4) 应用刚建立的 CSS 样式。一种方法是返回设计窗口，选中所需要应用的文本单击鼠标右键，在菜单中执行"CSS 样式"→"cx"命令，即可把规则.cx 应用到需要的内容上；另一种方法在 HTML 标签中加入 CLASS 参数，代码如下：

```
<span class="cx">宁绣</span>
```

返回代码视图，观察建立的.cx 样式代码，代码如下：

.cx {font-style: italic; font-weight: bold;}

(5) 把网页另存为 cx2.html，在网页中可以看到应用样式后的文字效果如图 6-17 所示。

图 6-17　在浏览器中预览.cx 样式效果

2. 背景属性

CSS 样式的背景属性可以用于设置背景颜色、背景图像及图片的位置等，如图 6-18 所示。

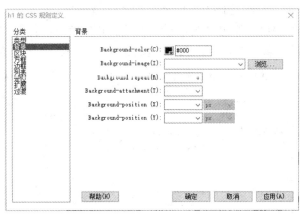

图 6-18　设置 CSS 背景属性

背景属性参数含义如下：

(1) Background-color：设置背景颜色。

(2) Background-image：设置背景图像。可以在该文本框中直接输入背景图像的 URL 地址，或单击"浏览"按钮，打开"选择图像源文件"，选择背景图像。

(3) Background-repeat：设置背景重复。不重复表示不会重复显示背景图像；重复表示横向和纵向上都重复显示背景图像；横向重复表示在横向上重复显示背景图像；纵向重复表示在纵向上重复显示背景图像。

(4) Background-attachment：设置背景滚动模式，确定背景图像是固定在其原始位置还是随内容一起滚动。

(5) Background-position(X)和 Background-position(Y)：设置背景位置，分为背景的水平与垂直位置。

【例 6-10】用 CSS 控制背景样式，设置"大宁河刺绣"网页导航栏加上背景图片 (images/bg1.jpg)。

(1) 在 Dreamweaver CS6 中打开 cx2.html。单击"CSS 样式"面板中的新建 CSS 规则按钮，打开"新建 CSS 规则"对话框。在对话框中设置"nav"作为新建 CSS 规则的名称，在选择器类型下拉列表中选择"ID(仅用于一个 HTML 元素)"，如图 6-19 所示。

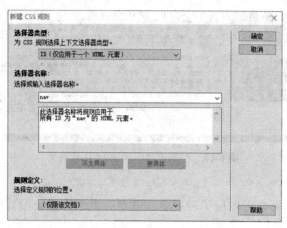

图 6-19　设置"新建 CSS 规则"

(2) 单击"确定"按钮，弹出"#nav 的 CSS 规则定义"对话框，在左侧"分类"栏选择"背景"，在右侧的"背景"栏中，选择"Background-image"栏后的"浏览"按钮，选择需要的背景图片，如图 6-20 所示。单击"确定"按钮，完成样式设置。

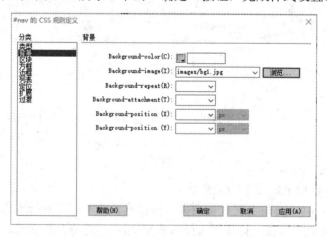

图 6-20　设置"#nav 的 CSS 规则定义"对话框

(3) 应用刚建立的 CSS 样式到导航栏。一种方法是回到代码视图，找到导航栏的单元格对应的标签<td></td>，执行"窗口"→"CSS 样式"命令，打开"CSS 样式"面板，选择"#nav"，右键选择快捷菜单中的"应用"，如图 6-21 所示，#nav 样式即应用到导航栏上；另一种方法在 HTML 对应标签中加入 ID 参数，代码如下：

```
<td id="nav" height="193" colspan="2">
```

返回代码视图，观察刚建立的样式代码，代码如下：

```
#nav {background-image: url(images/bg1.jpg);}
```

(4) 保存网页为 cx3.html，在浏览器可以看到导航栏加上了背景。

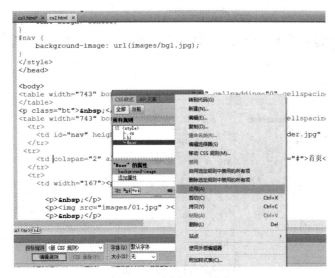

图 6-21　应用#nav 样式

3. 区块属性

CSS 样式的区块属性可以设置文本的间距、对齐方式、上标、下标、首行缩进、显示方式等，如图 6-22 所示。

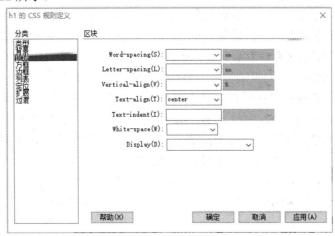

图 6-22　设置 CSS 区块属性

属性参数含义如下：

(1) Word-spacing：设置单词间距。在该下拉列表中可选择单词的间距方式，或在该下拉列表框中输入数值来确定单词的间距，并在右侧下拉列表中设置数值的单位。

(2) Letter-spacing：设置字符间距，可增加或减小字母或字符的间距。

(3) Vertical-align：设置元素的垂直对齐方式。

(4) Text-align：设置文字的水平对齐方式。

(5) Text-indent：设置文本首行缩进。

(6) White-space：空格，设定如何处理元素中的空格。

(7) Display：设定是否显示元素及如何显示元素。

4．方框属性

CSS 样式的方框属性可以定义对象的边界、间距、宽度、高度和漂浮方式等，如图 6-23 所示。

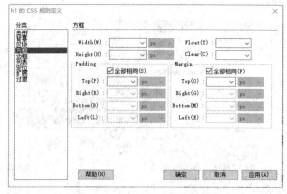

图 6-23　设置 CSS 方框属性

CSS 方框各个属性含义如下：

(1) Width：设置元素的宽度。

(2) Height：设置元素的高度。

(3) Float：设置元素的浮动属性，用此属性可以使得元素向左或向右浮动。

(4) Clear：设定元素的哪一侧不允许出现其他浮动元素。如选择 left 选项，则层不能出现在应用样式元素的左侧；若选择 right 选项，则层不能出现在应用样式的右侧。

(5) Padding：指定元素内容与元素边框之间的间距。

(6) Margin：指定一个元素的边框与另一个元素之间的间距。

【例 6-11】CSS 控制段落样式，定义"大宁河刺绣"网页段落的缩进和段间距。

(1) 在 Dreamweaver CS6 中打开 cx3.html，单击"CSS 样式"面板中的新建 CSS 规则按钮，打开"新建 CSS 规则"对话框。设置"duanluo"作为新建 CSS 规则的名称，在选择器类型下拉列表中选择"类(可用于任何一个 HTML 元素)"，如图 6-24 所示。

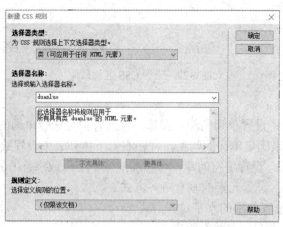

图 6-24　为.duanluo 设置 CSS 规则

(2) 单击"确定"按钮后,在"分类"中选择"区块",设置段落缩进为两个字高,即设置"Text-indent"的值为 2 ems,如图 6-25 所示。

图 6-25 设置缩进

(3) 在"分类"中切换到"方框",设置段前间距为 20 px,即设置"Margin"中的"Top"值为 20 px,如图 6-26 所示。单击"确定"按钮,完成.duanluo 的规则定义。

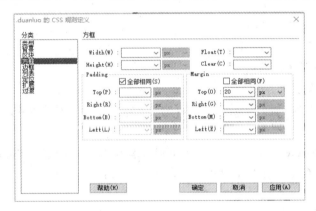

图 6-26 设置段间距

(4) 在对应的正文标签<p>上分别应用规则.duanluo,然后保存文件为 cx4.html,在浏览器中预览效果如图 6-27 所示。

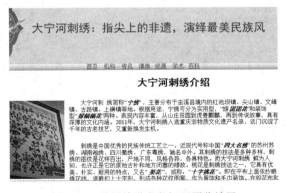

图 6-27 设置缩进和段间距预览效果

(5) 回到代码视图,观察<head></head>头部信息里,设置以上样式代码如下:

.duanluo {text-indent: 2em; margin-top: 30px;}

5. 边框属性

CSS 边框属性可以定义元素周围边框的设置，如宽度、颜色和样式等，如图 6-28 所示。

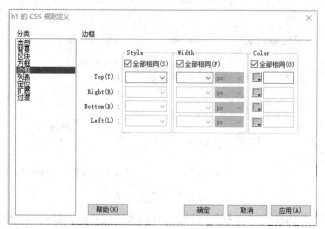

图 6-28　设置 CSS 边框属性

CSS 边框各个属性含义如下：

(1) Style：设置边框的样式。

(2) Width：设置边框的粗细。

(3) Color：设置边框的颜色。

【例 6-12】用 CSS 控制图片样式，给网页"重庆非遗"中的图片规定统一大小，并加上边框。

(1) 在 Dreamweaver CS6 中打开 cqfy.html，单击"CSS 样式"面板中的新建 CSS 规则按钮，打开"新建 CSS 规则"对话框，对嵌套表格内的 img 标签建立一个复合选择器，如图 6-29 所示。

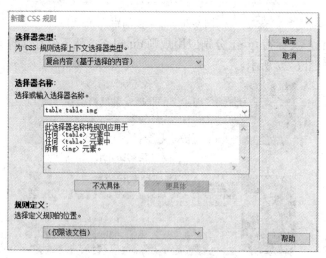

图 6-29　新建 CSS 规则

(2) 单击"确定"按钮，在面板中选择"分类"中的"方框"类别，设置"Width"和"Height"大小为宽 240 px，高 200 px，如图 6-30 所示。

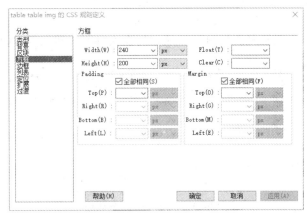

图 6-30　设置图片大小

(3) 选择"分类"中"边框"，为图片设置边框效果。在"Style"下的"Top"下拉列表中选择边框样式为实线"solid"，在"Width"中设置边框粗细为"2 px"，在"Color"中设置边框颜色为蓝色，如图 6-31 所示。

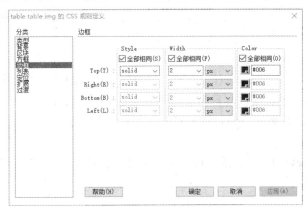

图 6-31　设置边框效果

(4) 单击"确定"按钮，另存网页为 cqfy1.html，在浏览器中预览效果如图 6-32 所示。

图 6-32　设置图片样式后网页预览效果

(5) 回到代码视图，观察<head></head>头部信息里，设置图片、边框样式代码如下：

```
table table img {height: 200px; width: 240px; border: 2px solid #006;}
```

6. 列表属性

CSS 列表属性可以设置列表项目的样式、列表项目图片和位置，如题 6-33 所示。

图 6-33　设置 CSS 列表属性

列表属性各个含义如下：

(1) List-style-type(类型)：设置列表项目标记类型。在该下拉列表框中可以选择无序列表的项目符号类型及有序列表的编号类型。

(2) List-style-image(图像)：设置列表样式图像。在该下拉列表框中指定图像作为无序列表的项目符号，可直接输入指定图像的路径，也可单击"浏览"按钮来选择作为项目符号的图像。

(3) List-style-position(位置)：设置列表项目标记位置。在该下拉列表框中可以选择列表文本是否换行和缩进。如选择 inside(内)选项，则当列表过长而自动换行时，不缩进；如选择 outside(外)选项，则当列表过长而自动换行时以缩进方式显示。

【例 6-13】用 CSS 美化列表，将网页"新闻"中的文字制作成列表，并用自定义的图片作为项目图标。

(1) 在 Dreamweaver CS6 中打开 news.html，在代码视图将文本通过添加列表标签制作成项目列表，代码如下：

```
<ul>
    <li> 2019 非遗与旅游融合优秀案例征集展示活动公告 </li>
    <li> 第五届中国非物质文化遗产博览会传统工艺比赛报名公告 </li>
    <li> 关于第一批中华优秀传统文化传承基地认定结果的公示 </li>
    <li> 2019&ldquo;中国非遗年度人物推选活动&rdquo;正式启动 </li>
    <li> &ldquo;非遗传承，人人参与&rdquo;——2019 中国非物质文化遗产摄影活动征稿启事 </li>
    <li> 文化部关于加强非物质文化遗产生产性保护的指导意见 </li>
    <li> 谁会成为&ldquo;中国非遗年度人物&rdquo;? 快来参加推选活动吧！ </li>
</ul>
```

项目列表效果如图 6-34 所示。

图 6-34　项目列表效果

(2) 建立 CSS 样式定义列表项的图标，如图 6-35 所示建立标签选择器定义<li>标签的样式规则。

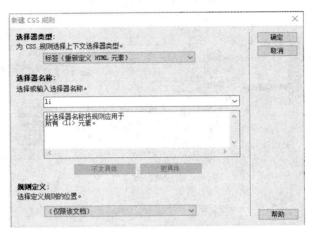

图 6-35 建立 CSS 样式定义列表项的图标

(3) 单击"确定"按钮，在"分类"中切换至"列表"。在"List-style-image"中选择图片作为自定义列表的图标，如图 6-36 所示。

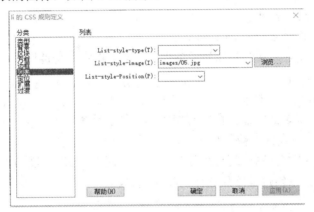

图 6-36 设置列表项目图标

(4) 单击"确定"按钮，网页另存为 news1.html，在浏览器中预览效果如图 6-37 所示。

图 6-37 设置列表项目图标后效果

7. 定位属性

CSS 定位属性可以设置相关内容在页面上的定位方式，如图 6-38 所示。

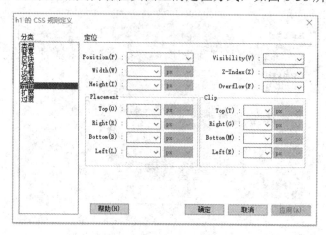

图 6-38   CSS 规则定义中的"定位"类别

定位属性的含义如下：

(1) Position：设置应用样式的元素定位方法。

(2) Width：设置元素的宽。

(3) Height：设置元素的高。

(4) Visibility：设置元素的初始显示条件。如果不指定可见性属性，则默认情况下的内容将继承父级标签的值。

(5) Z-Index：确定内容的堆叠顺序。Z 轴值较高的元素显示在 Z 轴值较低的元素的上方。

(6) Overflow：确定当容器的内容超出容器的显示范围时的处理方式。

(7) Placement：指定内容块的位置。

(8) Clip：定义内容的可见部分。如果指定了剪辑区域，可以通过脚本语言(如 JavaScript)访问它，并操作属性以创建像擦除这样的特殊效果。

8. 扩展属性

CSS 扩展属性可以设置打印网页时的分页效果，也可设置滤镜效果、指针外观，产生丰富的视觉效果，如图 6-39 所示。

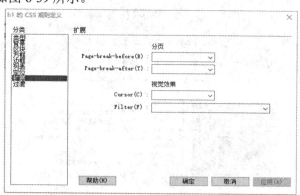

图 6-39   CSS 扩展属性设置

扩展属性的含义如下：

(1) Page-break-before：设置在打印网页时，在样式所控制的对象之前强行分页。

(2) Page-break-after：设置在打印网页时，在样式所控制的对象之后强行分页。

(3) Cursor：设置在当指针位于样式所控制对象上时改变指针图像。

(4) Filter：对样式所控制的对象应用特殊效果(如模糊和反转等)。

6.3.3　管理 CSS 样式

可以通过"CSS 样式"面板对 CSS 样式进行编辑、删除、复制、重命名等操作。

1. 查看和编辑 CSS 属性

创建 CSS 样式后，可以对已有的样式进行编辑，以及修改元素属性的某些参数。执行"窗口"→"CSS 样式"命令，打开"CSS 样式"面板。

打开 cx4.html，在全部模式中可以查看编辑应用到本网页的全部 CSS 规则，选中其中一个规则，可以在属性栏查看或者编辑该规则的属性参数，如图 6-40 所示。

图 6-40　查看或编辑"CSS 样式"属性参数

2. "CSS 样式"面板中常用按钮

"CSS 样式"面板底部有一排按钮，如图 6-41 所示。其中左侧三个按钮决定"CSS 样式"面板中"属性"的不同排列方式。右边的按钮 为"附加样式表"按钮， 为"新建 CSS 规则"按钮， 为"编辑样式"按钮， 为"禁用/启用"按钮， 为"删除 CSS 规则"按钮，通过这些按钮可以管理 CSS 样式。

图 6-41　"CSS 样式"面板底部按钮

3. CSS 样式重命名

为一个 CSS 样式重命名时，可以在 CSS 样式面板"所有规则"栏选中需要重命名的样式，再在该样式上单击，此时样式名称处于可编辑状态，即可输入新的样式名；或选中该样式，鼠标右键单击，在弹出快捷命令中选中"编辑选择器"也可编辑样式名称。

6.3.4　建立并应用外部样式表

将所建立的 CSS 样式存放在网页的头部<head></head>标签里，只对当前网页起作用，这叫做内部 CSS 样式。CSS 样式还可以独立存放在一个文件夹内，以 css 为后缀，这叫做外部样式表，可被多个网页使用的。

建立 CSS 外部样式表步骤如下：

(1) 建立一个外部 CSS 样式文件并命名为 CSS。

(2) 打开 Dreamweaver CS6，新建一个 CSS 文件，如图 6-42 所示。

图 6-42　新建 CSS 文件

(3) 存储在之前新建的 CSS 文件夹中，并命名为 style.css，如图 6-43 所示。

图 6-43　存储新建的 CSS 文件

(4) 在 html 文件中写入链接代码，代码如下：

```
<link rel="stylesheet" type="text/css" href="css/style.css">
```

(5) 代码完成之后，CSS 外部样式表链接成功，如图 6-44 所示。

图 6-44　外部样式表链接成功

【例 6-14】为"重庆非遗"网页建立外部 CSS 样式，定义网页标题字体大小为 28 px，并设置网页背景为灰色。

(1) 在 Dreamweaver CS6 中打开 cqfy1.html。

(2) 建立一个外部 CSS 样式文件并命名为 CSS。在 Dreamweaver CS6 里执行"文件"→"新建"→"CSS"命令，单击"创建"按钮，新建一个 CSS 文件，如图 6-45 所示。

图 6-45　创建 CSS 文件

(3) 创建好 CSS 文件之后，另存新建的 CSS 文件，并命名为 style.css，如图 6-46 所示。

图 6-46　存储到以 CSS 命名的文件夹

(4) 在 cqfy1.html 代码视图中编写链接代码，并保存如下代码：

```
<link rel="stylesheet" type="text/css" href="css/style.css">
```

(5) 链接成功后的样式如图 6-47 所示。

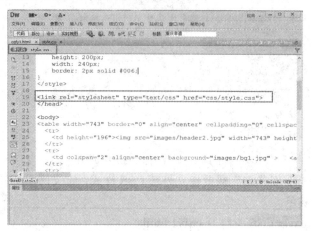

图 6-47　外部样式表创建成功

 (6) 在 style.css 窗口中即可操作 CSS 样式，可按照前面案例步骤调出"CSS 样式"面板→"新建 CSS 规则"→选择"选择器类型"进行属性参数调整。也可在属性代码熟悉的情况下，直接在 style.css 窗口中书写样式代码，如图 6-48 所示。

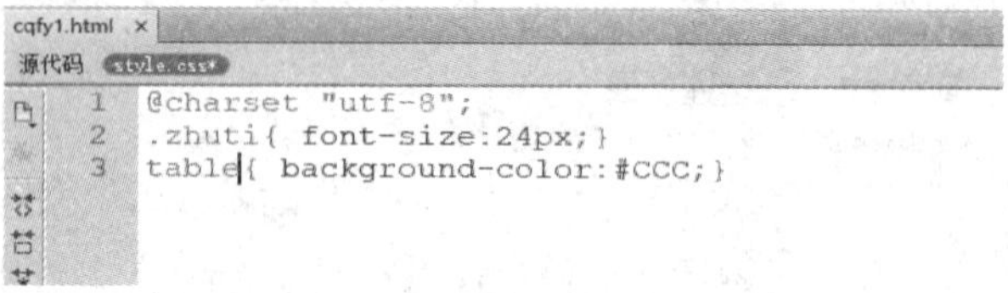

```
@charset "utf-8";
.zhuti{ font-size:24px;}
table{ background-color:#CCC;}
```

图 6-48　在 style.css 窗口直接书写样式代码

 (7) 样式代码写好后，将.zhuti 样式分别应用到源代码窗口对应<p></p>标签上，应用方法是在 HTML 标签中加入 CLASS 参数，如：

```
<p class="zhuti">梁平木板年画</p>
```

 (8) 保存网页为 cqfy2.html，在浏览器中预览效果如图 6-49 所示。

图 6-49　style.css 样式应用后的预览效果

本 章 小 结

本章节主要介绍了 CSS 的基础、CSS 语法、用 CSS 美化页面、管理 CSS 样式，通过本章节的学习，主要需要了解 CSS 基本概念和编写规则；掌握 CSS 内部样式的建立和外部样式的建立和应用方法；掌握 CSS 基本语法；掌握在 Dreamweaver CS6 中操作 CSS；掌握 CSS 常用属性及应用；了解如何管理 CSS 样式。

项 目 实 训

实训 1　制作"大宁河刺绣"网页。

为"大宁河刺绣"网页 cx3.htm 建立外部样式，设置网页整体背景为灰色，表格背景为白色，底部版权栏添加图片 bq.jpg，效果如图 6-50 所示。

图 6-50　网页效果

网页参考代码如下：

```
<!doctype html>
<html>
  <head>
    <meta charset="utf-8">
    <title>大宁河刺绣</title>
    <link href="css/css1.css" rel="stylesheet" type="text/css">
    <style type="text/css">
      .cx {
        font-style: italic;
        font-weight: bold;
      }
```

```
        h1 {
          font-family: "黑体";
          font-size: 28px;
          text-align: center;
        }
        #nav {
          background-image: url(images/bg1.jpg);
        }
        .duanluo {
          text-indent: 2em;
          margin-top: 30px;
        }
    </style>
</head>
<body>
    <table width="743" border="0" align="center" cellpadding="0" cellspacing="0">
    </table>
    <p class="bt"> </p>
    <table width="743" border="0" align="center" cellpadding="0" cellspacing="0">
      <tr>
        <td id="top" height="193" colspan="2"><img src="images/header.jpg" /></td>
      </tr>
      <tr>
        <td colspan="2" align="center" bgcolor="#f4f3f4" id="nav" > <a href="#">首页
</a>    <a href="#">机构</a>    <a href="#">资讯
</a>    <a href="#"> 清单 </a>   <a href="#"> 资 源
</a>    <a href="#">学术</a>   <a href="#">百科</a></td>
      </tr>
      <tr>
        <td width="167"><p> </p>

    <p> </p>
    <p><img src="images/01.jpg" /></p>
    <p> </p>
    <p> </p>
</td>
    <td width="576"><h1>大宁河刺绣介绍</h1>
      <p class="duanluo">大宁河刺  绣简称 "<span class="cx">宁绣</span>" ，主要分
布于巫溪县境内的红池坝镇、尖山镇、文峰镇、古路镇、上磺镇等地。根据用途，宁绣可分为实用
```

型，"嫁<span class="cx">团团花</span>"和装饰型 "<span class="cx">嫁幅幅花</span>"两种。表现内容丰富，从山庄田园到虎兽麒麟，再到传说故事，具有深厚的文化内涵。2011 年，大宁河刺绣入选重庆非物质文化遗产名录，这门沉淀了千年的古老技艺，又重新焕发生机。</p>

　　　　<p class="duanluo">　刺绣是中国优秀的民族传统工艺之一。近现代号称中国 "<span class="cx">四大名绣</span>" 的苏州苏绣、湖南湘绣、四川蜀绣、

　　　　广东粤绣，驰名中外。其刺绣的技法是多种多样，刺绣的图纹是花样百出，产地不同，风格各异，各具特色。而大宁河刺绣 鲜为人知，也许正是它的原始古朴和地方闭塞的缘故。挑花是刺绣技法之一，它具有优美、朴实、耐用的特点，又名 " <span class="cx">架花 </span> "，或称："<span class="cx">十字挑花</span> "。即在平布上面依纱眼绣花线，逐眼扣上十字形，形成各种花纹图案，作为服饰和手巾装饰。在织花布和锦缎时，依据花样设计，在缠绕上挑成花本，以作织花的依据。这种花本要计算经线根数，用挑花钩针顺次将一部经纱挑起，然后把纬纱穿过经纱的开口，逐一织成花纹或图案。

　　　　民间工艺刺绣的历史悠久，是古化之一，是古代文明的象征。 </p></td>

　　</tr>

　　<tr>

　　　　<td colspan="2" align="center" bgcolor="#5e75a1" class="footer"> 2019 年最后修改 © All Rights   Reserved. 重庆非遗网版权所有</td>

　　</tr>

　</table>

　</body>

　</html>

实训 2　制作"动漫电影"网页。

对"动漫电影"网页(配套素材中"ch6/shixun/shixun6.2.html")做如下设置，如图 6-51 所示。

(1) 设置文本大小为 16 px，字体为微软雅黑。

(2) 为文本段落设置两个字的缩进，并定义行高为 25 px。

(3) 标题字体为 36 px、加粗、居中显示。

(4) 表格背景颜色为#b89a78。

图 6-51　"动漫电影"网页效果

网页参考代码如下：

```
<!doctype html>
<html>
  <head>
    <meta charset="utf-8">
    <title>哪吒</title>
    <style type="text/css">
        .dh {
          font-family:"微软雅黑";
          font-size: 16px;
          background-color:#d92d1f;
        }
        ul li {
          float: left;
          list-style-type: none;
          text-align: center;
          margin-left: 20px;
          position: relative;
          left: 100px;
          color:#FFF;
        }
        .bq{ color:#FFF;}
    </style>
  </head>
  <body>
  <table width="995" border="0" cellspacing="0" cellpadding="0">
    <tr>
      <td><img   src="images/header1.jpg" width="990" height="300" /></td>
    </tr>
    <tr>
      <td height="38" align="center"   class="dh" >
  <ul >
      <li>|登录</li>
      <li>|电影介绍</li>
      <li>|身份揭秘</li>
      <li>|图片欣赏</li>
      <li>|同名电影</li>
      <li>|在线留言</li>
      <li>|个人中心</li>
```

```
        </ul>
      </td>
    </tr>
    <tr>
      <td height="642" class="wb"><p class="js">角色介绍</p>
```

<p>哪吒是魔丸转世，李靖之子。因为魔丸转世的身份，他遭到了陈塘关百姓的歧视、排斥、嘲笑和敌对。也因此，他性格孤僻、冷漠、叛逆、憋屈、玩世不恭，时不时就要跑出门大闹陈塘关百姓，让大家也不得安生。玩世不恭的外表下，哪吒比谁都孤独，比谁都渴望认同。</p>

<p>敖丙是灵珠转世，东海龙王三太子，申公豹的徒弟。身形飘逸，举止儒雅，一派翩翩美少年形象。他背负整个龙族翻身的期望，全族压力令他痛苦不堪而走上了邪路，做出了"水淹陈塘关"的举动。敖丙在哪吒的影响下，最终学会敢于做自己、不认命，并与哪吒联手抵抗命运，成为对方"唯一的朋友"。</p>

<p>李靖是哪吒的父亲，殷夫人的丈夫，陈塘关的镇关总兵，负责守护百姓抵挡妖魔鬼怪。不善言辞、沉默少言。他对哪吒不是排斥的、霸道的，而是主动寻求一种温和、平等的沟通，即便哪吒把陈塘关惹得鸡飞狗跳，他也不惜舍弃自己的情面，帮助哪吒得到世人认可。</p>

<p>哪吒的母亲，李靖的妻子，性格火爆，巾帼不让须眉，在哪吒成长道路上起了重要的引导作用。爱子如命，虽工作忙碌却尽力抽出时间陪伴哪吒成长，她和丈夫李靖对于哪吒均无私付出，但因不被哪吒谅解而遭到怨恨</p>

<p>哪吒的师傅，乾元山金光洞的洞主，阐教大仙，元始天尊的弟子之一。说着一口"川普"，生性洒脱，为人诙谐幽默，不贪念权色却嗜酒如命。元始天尊命徒弟太乙真人将灵珠托生于李靖之子哪吒身上，然而阴差阳错下，灵珠和魔丸被掉包。太乙真人后收哪吒为徒，导其向善。</p>

<p>元始天尊的弟子之一，阐教门人，太乙真人的师弟，敖丙的师傅，豹子修炼成精的妖魔。一个口齿不伶俐，内心很压抑的角色。他邪恶狡诈，备受天庭偏见而愤愤不平。为了争夺十二金仙的地位，逆天行事，更改了魔丸和灵珠的命运。</p>

```
      </td>
    </tr>
    <tr>
      <td         background="images/nav.jpg"    height="40"    align="center"    valign="middle"
class="bq">    关 于 我 们    | 联 系 我 们
|     友情链接</td>
    </tr>
  </table>
</body>
</html>
```

实训 3　制作"动漫资讯"网页。

对配套素材中"ch6/shixun/shixun6.3.html"的网页文件做如下设置，使其达到如图 6-52 所示效果。

(1) 导航栏"返回"二字设置超级链接。

(2) 为各个资讯创建项目列表，且设置其列表项目图标。

(3) 为列表项目中的资讯加上下划线效果。

(4) 设置其表项间距为 10 px。

图 6-52　"动漫资讯"网页效果

网页参考代码如下：

```
<!doctype html>
<html>
  <head>
    <meta charset="utf-8">
    <title>哪吒</title>
    <style type="text/css">
      .wb {
        font-size: 16px;
        text-indent: 2em;
        padding-right: 80px;
        padding-left: 80px;
        line-height: 25px;
        font-family: "微软雅黑";
        text-align: left;
      }
      .dh {
        font-family: "微软雅黑";
        font-size: 16px;
        background-color: #d92d1f;
        list-style-type: none;
        margin-left: 20px;
        color: #FFF;
      }
    }
```

```
            .js{
                font-size: 36px;
                text-align: center;
                font-weight: bold;
            }
            table{
                background-color: #b89a78;
            }
            .bq{ color:#FFF;}
            a{ text-decoration:none;
            color:#FFF;}
        </style>
    </head>
    <body>
    <table width="995" border="0" cellspacing="0" cellpadding="0">
        <tr>
            <td><img src="images/header2.jpg" width="994" height="300" /></td>
        </tr>
        <tr>
            <td height="38" width="995"   class="dh" >    动漫资讯返回</span></td>
        </tr>
        <tr>
            <td height="351" class="wb">
            <ul>
                <li>中国知名动画公司博润通两部动画荣获 2019 "动感金羊" 优秀动画片奖</li>
                <li> 中国动画《灵笼》第三集上线，又一波烧脑信息你看懂了么？</li>
                <li> 10 周岁国漫《赛尔号》大电影，为何成 95 后童年经典</li>
                <li> 日本动画《进击的巨人》最终季宣布将于 2020 年秋季放送</li>
                <li> 动画电影《小黄人：格鲁的崛起》宣布将于 2020 年 7 月 3 日上映    </li>
                <li>日本动漫《航海王之溃散》全新番宣海报曝光 动画于 8 月 9 日上映</li>
                <li> 日本动画《Infinite Dendrogram 无限系统树》第一弹番宣 PV 公布</li>
                <li> 日本动画《装甲娘战机》动画企划制作决定公布</li>
                <li> 日本动画《多罗罗》新章动画番宣 PV 与全新 OP、ED 歌曲的试听公布 预定 4 月开
播 </li>
            </ul>
            </td>
        </tr>
        <tr>
```

```
        <td        background="images/nav.jpg"        height="40"        align="center"        valign="middle"
class="bq">    关 于 我 们    | 联 系 我 们
|     友情链接</td>
        </tr>
    </table>
    </body>
    </html>
```

第7章　DIV + CSS 网页布局

CSS 网页布局中，<div>和<span>标签是两个常用的标签。DIV + CSS 布局是网页 HTML 通过 DIV 标签加 CSS 样式表代码开发制作的 HTML 网页的统称。DIV+CSS 布局的好处是：便于维护，网页打开速度更快，符合 Web 标准等。

本章要点

- 了解<div>和<span>标签
- 认识盒模型
- 熟悉 CSS 的定位方式
- 掌握 DIV+CSS 布局方法

7.1　认识<div>和<span>

7.1.1　<div>标签

<div>标签可以把文档分割为独立的不同部分，是一个块级元素。简单来讲<div>是一个区块容器标签，里面可以包含标题、段落、多媒体、表格等 HTML 元素，对<div>可嵌套使用。<div>标签更多的是用于网页布局。

7.1.2　<span>标签

<span>标签和<div>标签一样，作为容器被广泛应用在 HTML 中，它可以容纳各种 HTML 元素，从而形成独立对象。

<span>标签和<div>标签在网页上都可以用来产生区域范围，以定义不同文字段落，且区域间彼此独立。二者区别如下：

（1）区域内是否换行。<div>标签区域内的对象与区域外的上下文会自动换行,而<span>标签区域内的对象与区域外的对象不会自动换行。

（2）标签相互包含。<div>与<span>标签可以同时在网页上使用，在使用上建议用<div>标签包含<span>标签。<span>标签最好不包含<div>标签，否则会造成<span>标签的区域不完整，而出现断行的现象。

7.2 认识盒模型

7.2.1 CSS 盒模型

CSS 盒模型本质上是一个容器，用于封装 HTML 元素，盒模型主要包括：内边距 (padding)、外边距(margin)、边框(border)、盒模型的内容(content)，如图 7-1 所示。

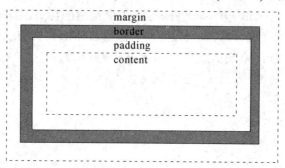

图 7-1　盒子模型(Box Model)

一个网页可以由许多这样的盒模型组成，这些盒模型之间会相互影响。掌握盒模型需要从两个方面来理解：一是理解单独一个盒模型的内部结构；二是理解多个盒模型之间的相互关系。盒模型最里面的部分就是网页要显示的内容即内容区域，内边距包围住整个内容区域。在内边距的外侧是边框，边框以外就是外边距。

【例 7-1】运用<div>标签，设置其内容区域的大小、内边距、外边距、边框参数，并为之添加背景颜色。在浏览器中显示效果如图 7-2 所示。代码如下：

```
<!doctype html>
<html>
  <head>
    <meta charset="utf-8">
    <title>盒模型</title>
    <style type="text/css">
      .box{
        background-color:#9CC;
        padding: 20px;
        height: 200px;
        width: 300px;
        margin-top: 30px;
        margin-right: 40px;
        margin-bottom: 30px;
        margin-left: 40px;
        border: 10px solid #F00;
```

```
            }
        </style>
    </head>

    <body>
        <div class="box"></div>
    </body>
</html>
```

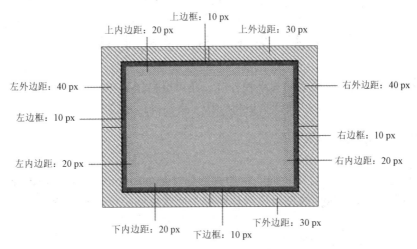

图 7-2　运用＜div＞标签设置内容区域显示效果

7.2.2　盒模型的尺寸

在 CSS 中 Width 和 Height 属性经常用到，分别表示内容区域的高度和宽度。增加或者减少内边距、边框和外边距，不会影响内容区域的尺寸，但是会增加盒模型的总尺寸。盒模型的宽度和高度要分别在 Width 属性和 Height 属性值基础上加上内边距、边框和外边距。

盒模型的宽度=左外边距(margin-left)+左边框(border-left)+左内边距(padding-left)+内容宽度(width)+右内边距(padding-right)+右边框(border-right)+右外边距(margin-right)

盒模型的高度=上外边距(margin-top)+上边框(border-top)+上内边距(padding-top)+内容高度(height)+下内边距(padding-bottom)+下边框(border-bottom)+下外边距(margin-bottom)

【例 7-2】用 Dreamweaver CS6 打开 7-1.html，计算该盒模型的高度和宽度。代码如下：

```
.box{
    background-color:#9CC;
    padding: 20px;
    height: 200px;
    width: 300px;
    margin-top: 30px;
    margin-right: 40px;
```

```
        margin-bottom: 30px;
        margin-left: 40px;
        border: 10px solid #F00;
    }
```

盒模型的宽度= (margin‐left)40 px + (border‐left)10 px + (padding‐left)20 px + (width) 300 px + (padding‐right)20 px + (border‐right)10 px + (margin‐right)40px = 440 px。

盒模型的高度= (margin‐top)30 px + (border‐top)10 px + (padding‐top)20 px + (height) 200 px + (padding‐bottom)20 px + (border‐bottom)10 px + (margin‐bottom)30px = 320 px。

7.3　应用 CSS 实现定位

CSS 不仅能控制网页元素的大小和外观，还可以控制其在网页放置的位置，即实现网页元素的定位。CSS 定位可以在网页中将一个元素精确地定位。

7.3.1　CSS 的定位方式

用 CSS 对网页元素进行定位时，常用到的属性是 position、clear、float 等，其中常用的属性是 position。position 属性可以选择四种不同类型的定位方式，四种定位方式的含义如下：

Static：静态定位，为默认值。

Relative：相对定位。定位为 relative 的元素脱离正常的文档流，但其在文档流中的位置依然存在，只是视觉上相对原来的位置有移动。

Absolute：绝对定位。生成绝对定位的元素，相对于 static 定位以外的第一个父元素进行定位。

Fixed：固定定位。生成绝对定位的元素，相对于浏览器窗口进行定位。

1. 静态定位

静态定位是 position 属性的默认值，元素按照标准流进行布局，该元素出现在文档的常规位置，不会重新定位。

【例 7-3】静态定位示例。本例 7-2.html 在浏览器中的显示效果如图 7-3 所示。代码如下：

```
<!doctype html>
<html>
  <head>
    <meta charset="utf-8">
    <title>静态定位示例</title>
    <style type="text/css">
      .box{
          background-color: #CCC;
```

```
            height: 200px;
            width: 260px;
        }
        .box1{
            background-color: #00F;
            height: 100px;
            width: 150px;
            position: static;
        }
    </style>
</head>

<body>
  <div class="box">
    <div class="box1">box1</div>
  </div>
</body>
</html>
```

图 7-3　静态定位示例

2．相对定位

　　使用相对定位，其位置是相对于它在文档中原始位置计算而来，通过偏移指定的距离，达到新的位置。使用相对定位，将 position 属性的值设置为 relative，还需要通过设置垂直或水平位置，让这个元素相对于它的原始位置进行移动。垂直方向偏移量由 top 和 bottom 属性指定，水平方向的偏移量由 left 和 right 属性指定。

　　【例 7-4】　相对定位示例。用 Dreamweaver CS6 打开 7-2.html，修改.box1 元素的 position 属性，代码如下。

```
    .box1{
        background-color: #00F;
        height: 100px;
```

```
    width: 150px;
    position: relative;
    left: 30px;
    top: 30px;
}
```

网页另存为 7-3.html，在浏览器中的显示效果如图 7-4 所示。

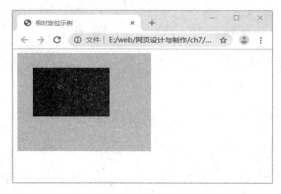

图 7-4　相对定位示例显示效果

可以看出在 .box 中使用相对定位方式，元素向下并且相对于初始位置向右各移动 30 px。在使用相对定位时，无论是否进行移动，元素仍然占据原来的空间。因此移动元素会导致其覆盖其他元素。

3. 绝对定位

设置为绝对定位的元素不获得任何空间，元素原先在正常文档流中所占的空间会关闭，其他元素随之移占此空间。元素定位后生成一个块级框，而不论原来它在正常流中生成何种类型的框。

【例 7-5】绝对定位示例。本例中的 box 容器包含三个 div 块，分别为 box1、box2、box3，其中 box2 中嵌套了 3 个并列 div 块，分别为 box2-1、box2-2、box2-3。对 box2-1 使用绝对定位前，网页保存为 7-4.html，在浏览器中的显示效果如图 7-5 所示。

HTML 代码如下：

```
<body>
    <div class="box1">box1</div>
    <div class="box2">
        <div class="box2-1">box2-1</div>
        <div class="box2-2">box2-2</div>
        <div class="box2-3">box2-3</div>
    </div>
    <div class="box3">box3</div>
</body>
```

CSS 代码如下：

```
<style type="text/css">
```

```
.box1 {
    background-color: #00F;
    height: 50px;
    width: 260px;
}
.box2 {
    height: 150px;
    width: 260px;
    background-color: #FF6;
}
.box2-1 {
    height: 50px;
    width: 260px;
    background-color: #C33;
}
.box2-2 {
    height: 50px;
    width: 260px;
    background-color: #F33;
}
.box2-3 {
    height: 50px;
    width: 260px;
    background-color: #F93;
}
.box3 {
    height: 50px;
    width: 260px;
    background-color: #99C;
}
</style>
```

图 7-5　绝对定位使用前示例

修改 box2-1 的 position 属性为绝对定位，在浏览器中效果如图 7-6 所示。代码如下：

```
.box2-1{
    height: 80px;
    width: 260px;
    background-color: #FF6;
    position: absolute;
    left: 30px;
    top: 30px;
}
```

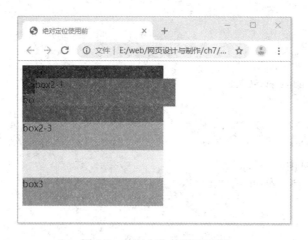

图 7-6　　绝对定位使用后示例

在对 box2-1 设置了绝对定位"left: 30px;top: 30px;"移动后，元素的位移是相对于浏览器窗口的左上角移动的。也就是说绝对定位的元素是相对于其最近的绝对定位或相对定位的上级元素坐标而移动的，若没有相对定位或绝对定位的上级元素，就相对于页面左上角原点坐标移动。若想让 box2-1 相对于 box2 移动位置，则应设置 box2 的定位方式为相对定位或绝对定位。

【例 7-6】将 box2-1 设置为相对于父级 box2 的绝对定位。

接着例 7-5 的操作，设置 box2 的定位方式为相对定位，box2-1 设置不变，另存网页为7-5.html，在浏览器中预览效果如图 7-7 所示。box2 代码如下：

```
.box2 {
    height: 150px;
    width: 260px;
    background-color: #FF6;
    position: relative;
}
```

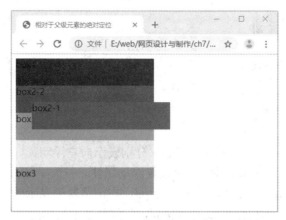

图 7-7　相对于父级元素的绝对定位显示效果

4．固定定位

设置为固定定位的元素，相对于浏览器视窗是固定的，即使页面文档发生了滚动，它也会一直固定在相同的地方，这种特性经常用来做悬浮广告的效果。

【例 7-7】固定定位示例。将 7-4.html 中 box2-2 设置为固定定位。本例 7-8.html 在浏览器中预览效果如图 7-8 所示。

在 Dreamweaver CS6 中打开 7-4.html，设置 box2-2 的 CSS 属性，代码如下：

```
.box2-2 {
        height: 50px;
        width; 260px;
        background-color: #F33;
        position: fixed;
        left: 30px;
        top: 30px;
}
```

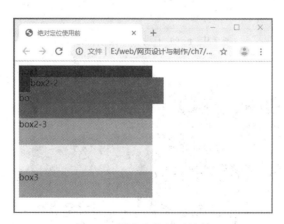

图 7-8　固定定位显示效果

可以看出设置了固定定位后，元素也会从文档中脱离，并将原来的位置释放。页面预览后，当向下滚动页面时注意观察 box2-2，固定在屏幕同样的地方不动。

7.3.2 浮动与清除浮动

除了前面介绍的 position 属性，浮动(float)也是使用频率比较高的一种定位方式。浮动属性使元素脱离文档，按照指定的方向(左或右)发生移动，直到它的外边缘碰到包含框或另一个浮动框的边框为止。

1. 浮动

浮动属性包含三种：left、right、none，分别表示向左浮动、向右浮动和不浮动。

【例 7-8】对网页 7-9.html 中 div 块设置浮动属性。

(1) 在 Dreamweaver CS6 中打开 7-9.html，在浏览器中显示效果如图 7-9 所示。设置 div 块 box1 为左浮动，另存网页为 7-10.html，在浏览器中显示效果如图 7-10 所示。设置左浮动代码如下：

```
.box1 {
    height: 100px;
    width: 200px;
    background-color: #06F;
    float: left;
}
```

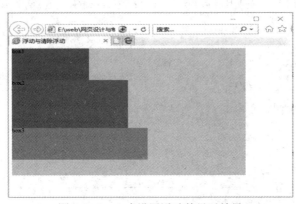

图 7-9 box1 未设置浮动前显示效果

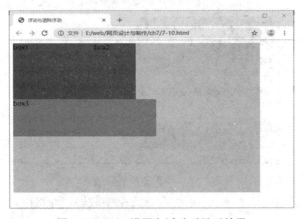

图 7-10 box1 设置左浮动后显示效果

(2) 从图 7-10 可以看出设置左浮动后的 box1 块脱离了原来文档，向左移动，它原来的位置被 box2 占据。

(3) 给 div 块 box2 设置向左浮动，设置后另存网页为 7-11.html，在浏览器预览效果如图 7-11 所示。div 块 box2 同样脱离文档，向左浮动直到碰到另一个浮动框的边缘。

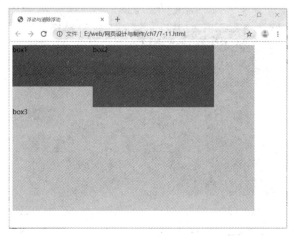

图 7-11　box2 设置左浮动后预览效果

(4) 同样给 div 块 box3 设置左浮动，设置后另存网页为 7-12.html，在浏览器预览效果如图 7-12 所示。Box3 设置后产生的效果，是因为父级 box 的宽度小于 box1、box2、box3 加在一起的宽度，所以无法使三个 box 浮动元素并排显示，这时候 box3 会自动下移。

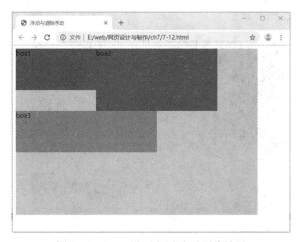

图 7-12　box3 设置左浮动后预览效果

2．清除浮动

浮动(float)是经常用的一个 CSS 属性。通过浮动可以很方便地布局网页，但浮动会造成一些不想要的结果。如图 7-10 所示，box1 设置了左浮动造成了元素脱离文档，对没有浮动的元素造成了遮挡。可以通过设置清除浮动(clear)属性，解决这一问题。

清除浮动属性包含 4 种可选值：left 不允许左边有浮动对象；right 不允许右边有浮动对象；both 不允许有浮动对象；none 允许两边都可以有浮动对象。

【例 7-9】在网页 7-9.html 中，对 div 块 box1 和 box2 分别设置右浮动和左浮动属性。

(1) 在 Dreamweaver CS6 中打开 7-9.html，分别设置 box1 和 box2 为右浮动和左浮动属性。另存网页为 7-13.html，在浏览器中预览效果如图 7-13 所示。

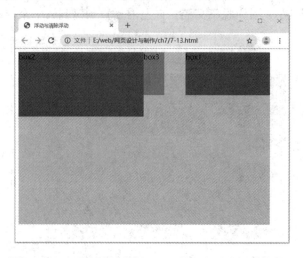

图 7-13　box1 设置右浮动，box2 设置左浮动后预览效果

(2) 从图 7-13 可以看出 box2 添加了左浮动后遮盖了 box3。然后在 7-13.html 基础上为 box3 设置清除左边浮动属性，另存网页为 7-14.html。设置清除浮动后在浏览器中预览效果如图 7-14 所示。

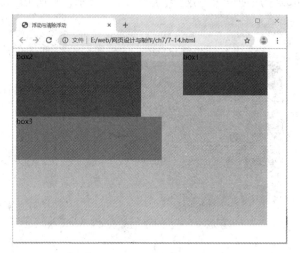

图 7-14　清除 box3 左侧浮动预览效果

7.4　DIV+CSS 布局

网页布局都是将网页划分为不同的区域，各显示不同的页面内容。DIV+CSS 布局就是将网页用<div>划分为几个不同区域，在各个区域中放置不同的网页内容，然后用 CSS 对各个区域进行样式的设置。

7.4.1　网页整体规划

在运用 CSS 布局时，首先要整体规划网页，包括网页由哪些模块组成，各模块之间的关系等。以最简单的网页框架为例，网页由广告(banner)、主体内容(content)、菜单导航(links)和注脚 (footer) 几个模块组成，如图 7-15 所示 。

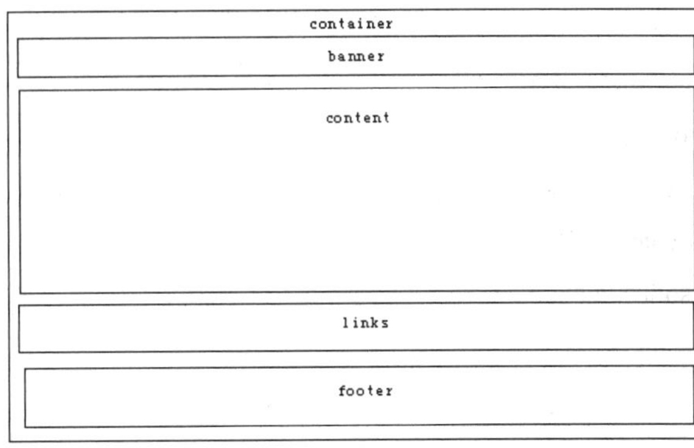

```
container
banner

content

links

footer
```

图 7-15　网页内容框架

其网页中的 HTML 框架代码如下：

```
<body>
  <div id="container">
    <div id="banner">banner</div>
    <div id="content">content</div>
    <div id="links">links</div>
    <div id="footer">footer</div>
  </div>
</body>
```

实例中，网页所有 div 块都属于 container，这样便于对网页的整体进行调整。每一个 div 块，还可以加入各种元素。

网页框架整理好后，运用 CSS 对各个板块进行布局定位，实现对网页整体的规划，然后再往各个板块中添加相应内容。用 CSS 布局完成后的网页保存为 7-16.html，在浏览器中预览效果如图 7-16 所示。

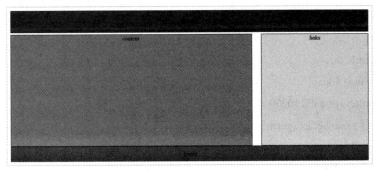

图 7-16　DIV+CSS 布局后网页预览效果

其 CSS 代码如下：

```css
#container{
    width: 1000px;
    border:1px solid #CCC;
    padding:10px;
        }
#banner{
    margin-bottom:5px;
    padding:20px;
    background-color: #03F;
    border:1px solid #000000;
    text-align:center;
        }
#content{
    float:left;
    width:670px;
    height:300px;
    background-color: #0CF;
    border:1px solid #000000;
    text-align:center;
        }
#links{
    float:right;
    width:300px;
    height:300px;
    background-color:yellow;
    border:1px solid #000000;
    text-align:center;
        }
#footer{
    clear:both;
    padding:10px;
    border: 1px solid #000000;
    background-color:green;
    text-align:center;
        }
```

7.4.2　常用布局类型

1. 固定布局

固定宽度布局的设计不会因为用户扩大或缩小浏览器窗口而发生变化，这种设计通常以像素作为衡量单位。

【例 7-10】运用固定布局方法，实现两列固定布局。

(1) 在 HTML 文档的<body></body>标签之间输入如下代码。

```
<body>
    <div id="left"></div>
    <div id="right"></div>
</body>
```

(2) 在 HTML 文档中的<head></head>标签之间输入定义的 CSS 样式代码。

```
<title>固定布局</title>
<style>
#left{ background-color:#039;
    border:4px solid #C30;
    width:250px;
    height:250px;
    float:left;
        }
#right{ background-color: #906;
    border:4px solid #C30;
    width:250px;
    height:250px;
    float:left;
        }
</style>
```

(3) 在进行了 CSS 样式定义后，两列固定宽度能够完整显示出来，保存网页为 7-17.html，在浏览器中预览效果如图 7-17 所示。

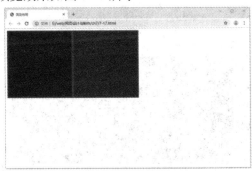

图 7-17　两列固定宽度布局预览效果

2. 自适应布局

自适应布局也叫百分比布局，即元素的宽、高、margin、padding 不再使用固定数值，改用百分比。这样元素的宽、高、margin、padding 会根据浏览器的尺寸随时调整，以达到适应当前浏览器的目的。

【例 7-11】使用自适应性布局，来实现网页 7-17.html 左右宽度能够自适应。

(1) 设置自适应布局主要通过宽高的百分比来设置，修改后 CSS 代码如下：

```
#left{ background-color:#039;
      border:4px solid #C30;
      width:60%;
      height:250px;
      float:left;
      }
#right{ background-color: #906;
      border:4px solid #C30;
      width:30%;
      height:250px;
      float:left;
      }
```

(2) 这里主要修改了左右宽度分别为 60%和 30%，保存网页为 7-18.html，在浏览器预览效果如图 7-18 和图 7-19 所示。

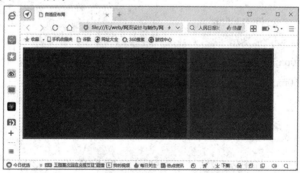

图 7-18　浏览器窗口变大预览效果

图 7-19　浏览器窗口变小预览效果

【例 7-12】运用 DIV+CSS 布局的方法实现如图 7-20 所示"美食网"网页布局，从本案例中可以了解用 DIV+CSS 布局网页的基本思路和常用技巧。

(1) 对网页进行整体规划，把网页分成几大块，每大块根据需求可以包含几个小块，明确区块之间的包含关系，并用<div>标签组织这些块，如图 7-21 所示。

图 7-20　"美食网"网页效果

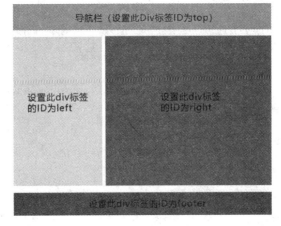

图 7-21　整体规划网页

(2) 在 Dreamweaver 中新建 HTML 文件，在其中插入 5 对<div>标签，代码如下：

```
<body>
    <div id="top">此处显示"top"的内容</div>
    <div id="content">
    <div id="left">此处显示"left"的内容</div>
    <div id="right">此处显示"right"的内容</div>
    </div>
    <div id="footer">此处显示"footer"的内容</div>
</body>
```

(3) 网页共有 5 个<div>标签，其中<div>标签 top、content 和 footer 为并列关系，left 和 right 嵌套在 content 中，如图 7-22 所示。保存网页为 index.html。

```
此处显示"top"的内容
此处显示"left"的内容
此处显示"right"的内容
此处显示"footer"的内容
```

图 7-22 插入<div>标签后设计视图效果

(4) 将相应内容放入各<div>标签中。在 id 名为 "top" 的<div>标签内输入导航文字，然后给每块导航文字建立空链接。

(5) 在 id 名为 "left" 的<div>标签内，插入照片 01.jpg。

(6) 在 id 名为 "right" 的<div>标签内输入正文的内容，在 id 名为 "footer" 的<div>标签内输入版权信息。

(7) 输入完成后代码如图 7-23 所示，网页效果如图 7-24 所示。

```html
<body>
<div id="top">
    <a href="#">首页</a> |
    <a href="#">菜谱大全</a> |
    <a href="#">饮食健康</a> |
    <a href="#">家居馆</a>|
    <a href="#">菜谱视频</a> |
    <a href="#">产品下载</a> |
    <a href="#">联系我们</a>
</div>
<div id="content">
    <div id="left"><img src="images/01.jpg"></div>
    <div id="right"><p>关于火锅的起源</p>
<p>火锅的起源，有两种说法:一种说是在中国三国时期或魏文帝时代，那时的"铜鼎"，就是火锅的前身;
另一种说是火锅始于东汉，出土文物中的"斗"就是指火锅。可见火锅在中国已有1900多年的历史了。
成都火锅早在左思的《三都赋》之《蜀都赋》中有记录。可见其历史在1700年以上。</p>
<p>经过多年的发展，中国火锅业的产业链条已具雏形。四川、重庆、内蒙古、山东
、河北、河南等地农牧业面向全国火锅餐饮市场，组建了辣椒、花椒、羊肉
、香油、芝麻酱、粉丝、固体酒精等火锅常用原料、调料、燃料生产、加工、销售基地。</p>
</div>
</div>
<div id="footer">Copyright@ 2013     美食网网站版权所有。</div>
</body>
```

图 7-23 代码视图

图 7-24 网页效果

(8) 定义网页的 CSS 样式。首先建立一个外部 CSS 文件，在 Dreamweaver 菜单栏中执行 "文件" → "新建文档" → "页面类型" → "CSS" 命令，新建一个 CSS 文件，如图 7-25 所示。

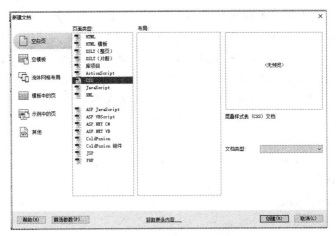

图 7-25　新建 CSS 文件

（9）在 Dreamweaver 菜单栏中执行"文件"→"保存"命令，在"另存为"对话框中设置 CSS 文件名为 style.css，保存路径为站点根文件夹，如图 7-26 所示。

图 7-26　保存 CSS 文件

（10）链接外部 CSS 文件到网页文件中。在 index.html 代码视图中编写链接代码，并保存代码，代码如下：

```
<link rel="stylesheet" type="text/css" href="css/style.css">
```

链接成功后的样式如图 7-27 所示。

图 7-27　外部样式链接成功

(11) 建立网页每个部分需要的 CSS 样式规则，并保存到 style.css 中。首先为页面整体布局定义样式规则：在 style.css 中定义 body 标签的属性 color 为白色、font-family 为微软雅黑、font-size 大小为 14 px、font-weight 为加粗、line-height 为 30 px；定义背景图片属性 background-image 为 images/background.jpg；定义边距 margin 上下左右全部相同，都为 0，padding 也上下左右全部相同且都为 0。CSS 样式规则代码如下：

```
body {
    color: #FFFFFF;
    font-family:"微软雅黑";
    font-size: 14px;
    font-weight: bold;
    line-height: 30px;
    margin: 0;
    padding: 0;
    background-image:url(images/ background.jpg);
}
```

保存网页，效果如图 7-28 所示。

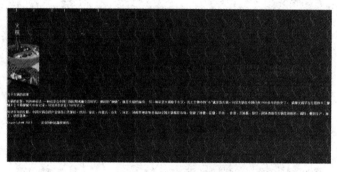

图 7-28　设置 bodyCSS 样式后预览效果

(12) 定义<div>标签 top 内连接的 CSS 样式。定义连接文字为白色，无下划线，当光标悬浮于连接上方时出现下划线。这些 CSS 样式规则对应的代码如下：

```
a:link {
    color: #FFFFFF;
    letter-spacing: 2px;
    text-decoration: none;
}

a:visited {
    color: #FFFFFF;
    letter-spacing: 2px;
    text-decoration: none;
}
```

```
a:hover, a:active {
    color: #FFFFFF;
    letter-spacing: 2px;
    text-decoration: underline;
}
```

(13) 定义<div>标签 top 的 CSS 样式，分别定义宽高、边距、颜色、背景以及对齐方式等属性。这些 CSS 样式规则对应的代码如下：

```
#top {
    margin: 0 auto;
    margin-top: 20px;
    border: 4px solid #FFFFFF;
    height: 30px;
    padding-top: 16px;
    text-align: center;
    width: 767px;
    background-color:#5f2a22;
}
```

保存并预览网页，在网页中效果如图 7-29 所示。

图 7-29　定义 CSS 样式<div>标签 top 的预览效果

(14) 定义<div>标签 content 的 CSS 样式，对应代码如下：

```
#content {
    clear: both;
    margin: 0 auto;
    margin-top: 15px;
    width: 775px;
}
```

(15) 定义<div>标签 left 的 CSS 样式规则，对应代码如下：

```
#left {
    border: 4px solid #FFFFFF;
    float: left;
    margin-right: 12px;
    width: 267px;
    height:605px;
    overflow:hidden;
}
```

(16) 定义<div>标签 right 的 CSS 样式规则，对应代码如下：

```
#right {
    border: 4px solid #FFFFFF;
    float: right;
    height: 545px;
    width: 450px;
    padding-left: 15px;
    padding-right: 15px;
    padding-top: 60px;
    background-color:#5f2a22;
    letter-spacing: 5px;
}
```

(17) 定义<div>标签 footer 的 CSS 样式规则，对应代码如下。

```
#footer{
    border: 4px solid #FFFFFF;
    clear: both;
    height: 30px;
    padding-top: 16px;
    text-align: center;
    width: 767px;
    background-color:#5f2a22;
}
```

保存并预览网页，效果如图 7-30 所示。

图 7-30　定义<div>标签 footer 的 CSS 样式预览效果

(18) 由于 content 没有设置 height 属性，其高度就由子元素决定，子元素 left 和 right 都设置了浮动，脱离了标准的文档流，所以 content 就会忽略它们的高度。解决目前 footer 问题的方法是将 footer 部分嵌套在一个 div 块内。

(19) 将 footer 嵌套在一个 id 名为 footerbg 的<div>标签中，并定义 CSS 样式规则，对应代码如下：

```
#footerbg {
    clear: both;
    margin: 0 auto;
    width: 775px;
    margin-bottom: 15px;
    padding-top: 15px;
}
```

设计完成后网页 HTML 代码如图 7-31 所示。

```
<body>
<div id="top">
    <a href="#">首页</a> |
    <a href="#">菜谱大全</a> |
    <a href="#">饮食健康</a> |
    <a href="#">家居馆</a>|
    <a href="#">菜谱视频</a>|
    <a href="#">产品下载</a> |
    <a href="#">联系我们</a>
</div>
<div id="content">
    <div id="left"><img src="images/01.jpg"></div>
    <div id="right"><p>关于火锅的起源</p>
<p>火锅的起源，有两种说法：一种说是在中国三国时期或魏文帝时代，那时的"铜鼎"，就是火锅的前身；
另一种说是火锅始于东汉，出土文物中的"斗"就是指火锅。可见火锅在中国已有1900多年的历史了。
成都火锅早在左思的《三都赋》之《蜀都赋》中有记录。可见其历史在1700年以上。</p>
<p>经过多年的发展，中国火锅业的产业链条已具雏形。四川、重庆、内蒙古、山东
、河北、河南等地农牧业面向全国火锅餐饮市场，组建了辣椒、花椒、羊肉
、香油、芝麻酱、粉丝、固体酒精等火锅常用原料、调料、燃料生产、加工、销售基地。</p>
    </div>
</div>
<div id="footerbg">
    <div id="footer">Copyright@ 2013     美食网网站版权所有</div>
</div>
</body>
</html>
```

图 7-31　设计完成后网页 HTML 代码

(20) 保存并预览网页，可以看到最终网页效果如图 7-20 所示。

本 章 小 结

本章主要介绍了用 DIV+CSS 布局的基本概念和常用的布局类型等。在案例中主要练习了布局的基本思路和方法。需要掌握的重要技能有：在学习盒模型的基础上，理解与定位相关的常用属性；能灵活运用 CSS 样式定位、浮动等属性。

项 目 实 训

实训　用 DIV+CSS 设计"竹林山泉中文网"网页，使其达到图 7-32 所示效果，要求如下：

(1) 首先对网页进行合理规划布局。

(2) 设置 div 块以及对应的 CSS 代码，在实现网页效果的前提下使用网页代码和 CSS 代码尽可能简洁。

图 7-32　"竹林山泉中文网"网页效果

网页参考代码如下：

```
<!doctype html>
<html>
  <head>
    <meta charset="utf-8">
    <title>竹林山泉中文网</title>
    <link href="style.css" rel="stylesheet" type="text/css">
  </head>
  <body>
    <div class="header">
            <a href="#">旗下产品</a>
            <a href="#">新闻中心</a>
            <a href="#">活动专区</a>
            <a href="#">经典广告</a>
            <a href="#">联系我们</a>
            <a href="#">招商公告</a>
    </div>
    <div class="banner">
        <img src="images/01.jpg"/>
        <p>竹林山泉，自然更甘甜</p>
        <a href="#" class="button">开始</a>
    </div>
    <div class="con">
        <div class="box">
            <h2>新闻中心</h2>
```

```
        <p>近期，竹林山泉采用全球领先技术重磅研制的植物基酸奶新品，即将上市。</p>
    </div>
    <div class="box">
        <h2>生命之水</h2>
        <p>《中国居民膳食指南》建议我国居民每日饮水量为1500~1700毫升。</p>
    </div>
    <div class="box">
        <h2>重磅消息</h2>
        <p>新华社竹林3月8日电竹林市泳联跳水系列赛北京站正在水立方进行，竹林山泉8
日签约成为竹林市泳联全球官方合作伙伴，为期四年。</p>
    </div>
    <div class="box">
        <h2>独家揭秘</h2>
        <p>靠产品力雄踞运动营养饮料销量冠军的"尖叫"推十年磨一剑的重磅新品系列。</p>
    </div>
</div>
<div class="footer">
Copyright © 2020  竹林山泉网  <br/>
    </div>
  </body>
</html>
```

CSS 参考代码如下：

```
@charset "utf-8";
/* CSS Document */
* {
    padding: 0;
    margin: 0;
}
body {
    font-family: "微软雅黑", "黑体", "宋体";

}
a {
    text-decoration: none;
    font-size: 14px;
    padding: 0 15px;
    margin-top: 20px;
    color: #FFF;
    list-style: none;
```

```
    }
    .header a:hover {
        color: #CCC;
    }
    .header {
        height: 50px;
        width: 100%;
        background: #cf4646;
        text-align: center;
        padding: 20px 0;
        color: #666;
    }
    .banner {
        height: 380px;
        width: 100%;
        background: #cf4646;
        text-align: center;
        color: #333;
    }
    .banner p {
        color: #333;
        margin: 10px auto 30px;
    }
    .banner .button {
        font-size: 14px;
        color: #eee;
        border: 1px solid #eee;
        padding: 10px 15px;
    }
    .con {
        width: 1100px;
        margin: 60px auto 20px;
        overflow: hidden;
    }
    .con .box {
        float: left;
        padding: 0 20px;
        width: 510px;
        margin-bottom: 40px;
```

```
        }
        .con .box h2 {
            font-size: 30px;
            color: #000000;
            font-weight: 400;
            margin-bottom: 10px;
        }
        .con .box p {
            font-size: 18px;
            color:#494646;
            line-height: 1.4em;
        }
        .footer {
            width: 100%;
            text-align: center;
            color: #333;
            font-size: 14px;
            line-height: 1em;
            padding:10px 0;
            background-color:#FFF;

        }
```

第 8 章　JavaScript 入门

JavaScript 是一种基于对象和事件驱动并具有安全性的脚本语言，可使网页变得更加生动，是一种基于客户端浏览器的语言。HTML 网页通过嵌入或调用的方式来执行 JavaScript 程序。

本章要点

- 了解 JavaScript 作用
- 掌握 JavaScript 的基本语法规则
- 熟悉 JavaScript 变量的声明和基本数据类型
- 熟悉 JavaScript 的运算符和表达式
- 了解 JavaScript 程序控制语句

8.1　JavaScript 概述

8.1.1　了解 JavaScript

用户在浏览网页过程中填写表单、进行验证的交互过程是通过浏览器对调入 HTML 文档中的 JavaScript 源代码进行解释执行来完成的，浏览器只将用户输入验证后的信息提交给远程的服务器，能大大减少服务器的开销。JavaScript 的出现弥补了 HTML 语言的缺陷，它具有以下几个基本特点：

(1) 一种简单的脚本编程语言。

JavaScript 是一种脚本语言，它采用小程序段的方式实现编程。像其他脚本语言一样，JavaScript 同样也是一种解释性语言，它提供了一个简易的开发过程。它的基本结构形式与 C、C++语言十分类似。但它不像这些语言一样需要先编译，而是在程序运行过程中被逐行地解释。它与 HTML 标识结合在一起，从而方便用户使用操作。

(2) 动态性。

JavaScript 是动态的，它可以直接对用户或客户的输入做出响应，无须经过 Web 服务程序。它对用户的反映响应是采用以事件驱动的方式进行的。所谓事件驱动，就是指在网页中执行了某种操作所产生的动作就称为事件，比如按下鼠标、移动窗口、选择菜单等都可以视为事件。当事件发生后，可能会引起相应的事件响应。

(3) 跨平台性。

JavaScript 是依赖于浏览器本身的，与操作系统环境无关，只要计算机能运行支持 JavaScript 的浏览器，即可。

(4) 基于对象的语言。

JavaScript 是一种基于对象的语言，这意味着它能自己创建对象。因此，许多功能可以来自于脚本环境中对象方法的调用。

(5) 安全性。

JavaScript 是一种安全的语言，它不允许访问本地的硬盘，且不能将数据存入到服务器上，不允许对网络文档进行修改和删除，只能通过浏览器实现信息浏览或动态交互，从而使数据的操作安全化。

8.1.2　JavaScript 的作用

JavaScript 虽然是一种简单的语言，但功能却很强大，主要有以下几种功能特征：

(1) 制作网页特效。

初学者想学习 JavaScript 的第一个动机就是制作网页特效，例如光标动画、信息提示、动画广告面板、检测鼠标行为等。

(2) 提升使用性能。

越是复杂的代码，越要耗费资源来执行它，因为大部分的 JavaScript 程序代码都在客户端执行，操作时完全不用服务器操作，这样网页服务器就可以将资源用在提供给客户更多、更好的服务上。现今，越来越多的网站包含表单结构，例如中请会员要填写入会的基本表单，JavaScript 的任务就是在将客户端所填写的数据送到服务器之前，先做必要的数据有效性测试，比如该输入数字的地方是否有数字等，这样的验证无疑提升了性能。

(3) 窗口动态操作。

利用 JavaScript，可以很自由地设计网页窗口的大小、窗口的打开与关闭等，甚至可以在不同的窗口文件中互相传递参数。

JavaScript 程序由浏览器解释运行，目前常用的版本为 JavaScript1.5。相对 CSS 来讲，它和浏览器的兼容性问题少很多。

8.1.3　编写第一个 JavaScript 程序

将 JavaScript 程序编写在 HTML 文件中，体会一下 JavaScript 语言的特性。

【例 8-1】使用 JavaScript 程序在网页上输出一串文字，程序代码如下：

```
<!doctype html>
<html>
  <head>
    <meta http-equiv="Content-Type" content="text/html;charset=UTF-8">
    <title>我的第一个 JavaScript 程序</title>
  </head>
  <body>
```

```
我的第一个 JavaScript 程序<br>
<script type="text/javascript">
    document.write("这里是 JavaScript 输出来的!");
</script>
<br>到这里文档内容结束了
    </body>
</html>
```

保存 HTML 文件，刷新网页，效果如图 8-1 所示。

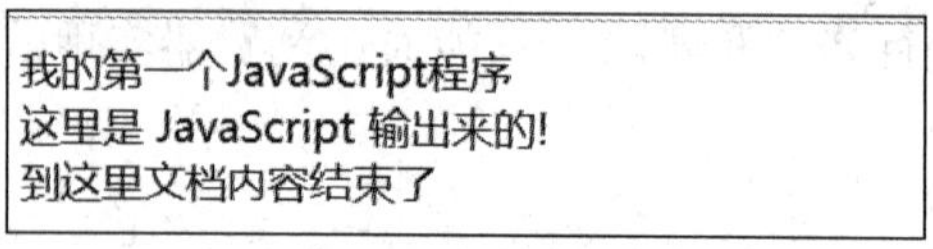

```
我的第一个JavaScript程序
这里是 JavaScript 输出来的!
到这里文档内容结束了
```

图 8-1　第一个 JavaScript 程序网页效果

8.1.4　JavaScript 引入方式

JavaScript 程序本身并不能独立存在，它要依附于某个 HTML 网页，在浏览器端运行。JavaScript 本身作为一种脚本语言可以放在 HTML 网页中的任何位置，但是浏览器解释HTML 时是按照先后顺序的，所以放在前面的程序会被优先执行。在 HTML 网页中引入JavaScript 语言有三种方式，分别为内部引用、外部引用和内联引用。

(1) 内部引用。

在 HTML 文档中，通过<script>标签及其相关属性可以引用 JavaScript 代码。当浏览器读取到<script>标签时，就解释执行其中的脚本语句。其基本的语法格式如下：

```
<script type="text/javascript">
    //此处为 JavaScript 代码
</script>
```

下面介绍如何在 HTML 文档中内部引用 JavaScript。

【例 8-2】在 HTML 文档中引用内部 JavaScript 程序代码如下：

```
<!doctype  html>
<html>
  <head>
    <meta charset="UTF-8">
    <title>JavaScript 的内部引用</title>
  </head>
  <script type="text/javascript">
    document.write("采用内部引用 JavaScript!  ");
  </script>
  <body>
    <p>欢迎来到 JavaScript 大世界</p>
  </body>
```

```
</html>
```

在例 8-2 中，第 8 行代码用于使用 JavaScript 语言输出"采用内部引用 JavaScript！"这段文本。

保存 HTML 文件，刷新网页，效果如图 8-2 所示。

采用内部引用JavaScript！

欢迎来到JavaScript大世界

图 8-2　内部引用 JavaScript 效果

(2) 外部引用。

当脚本代码比较复杂或者同一段代码需要被多个网页文件使用时，可以将这些脚本代码放置在一个扩展名为 js 的文件中，然后通过外部引用该 js 文件，类似于链接外部 CSS 文件的方式链接到 HTML 文档中，基本语法格式如下：

```
<script type="text/javascript" src="js 文件的路径">

</script>
```

【例 8-3】在 HTML 文档中引用外部 JavaScript，程序代码如下：

```
<!doctype html>
<html>
  <head>
    <meta charset="UTF-8">
    <title>JavaScript 的外部引用</title>
    <script type="text/javascript" src="hello.js"></script>
  </head>
  <body>
    <p>欢迎来到 JavaScript 大世界</p>
  </body>
</html>
```

其中在该网页同路径下新建 hello.js 文件，在该文件内部写入代码如下：

```
document.write("采用外部引用 JavaScript! ");
```

运行该网页，显示效果如图 8-3 所示。

采用外部引用JavaScript！

欢迎来到JavaScript大世界

图 8-3　外部引用 JavaScript 效果

(3) 内联引用。

内联引用是通过 HTML 标签中的事件属性实现的。一些简单的代码可以直接放在事件处理部分的代码中。

【例 8-4】内联引用，程序代码如下：

```
<! doctype  html >
```

```
<html>
    <head>
        <meta charset="UTF-8">
        <title>内联引用</title>
    </head>
    <body>
        <input name="hitme" type="button" onclick="alert('hello world!'); " value="请点击我！" />
    </body>
</html>
```

运行该网页显示效果如图 8-4 所示。

图 8-4　内联引用 JavaScript 效果

源代码中，通过在 HTML 文档的 button 控件中为其添加 onclick 事件属性值为"alert('hello world!');"，表示当该事件触发时去执行指定的 JavaScript 代码。这里的 JavaScript 代码用于弹出一个提示对话框，所以在运行网页中单击按钮时弹出如图 8-4 所示的对话框。

8.2　JavaScript 语法基础

本节从最基础的编写格式开始，结合最基本的网页输出语句，体会 JavaScript 程序和HTML 代码的简单结合。

8.2.1　JavaScript 程序编写格式

JavaScript 程序的编写比较自由，JavaScript 解释器将忽略标识符、运算符之间的空白字符。而每一句 JavaScript 程序语句之间必须用英文分号分隔，为了保持条理清晰，推荐一行写一条语句，编写格式如下：

```
<script type="text/javascript">
    var width=50;
    var height=100;
    var txt="脚本语言";
</script>
```

而函数部分、变量名等标识符中，不能加入空白字符。字符串、正则表达式的空白字符是 JavaScript 程序组成部分，JavaScript 解释器将会保留。在编写代码时可根据需要自由缩进，以方便结构的查看和调试。

8.2.2　JavaScript 保留字和标识符

(1) 保留字(关键字)。

JavaScript 保留字是指在 JavaScript 语言中有特定含义，成为 JavaScript 语法中一部分的那些字。JavaScript 保留字是不能作为变量名和函数名使用的。使用 JavaScript 保留字作为变量名或函数名，会使 JavaScript 程序在载入过程中出现编译错误。JavaScript 的保留字如表 8-1 所示。

表 8-1　JavaScript 保留字

break	delete	function	retum	typeof
case	do	if	switch	var
catch	else	in	this	void
continue	false	instanceof	throw	while
debugger	finally	new	true	with
default	for	null	try	

(2) 标识符。

所谓的标识符(identifier)就是一个名称。在 JavaScript 中，标识符用来命名变量和函数，或者用作 JavaScript 程序中某些循环的标签。在 JavaScript 中，合法的标识符的命名规则和 Java 以及其他许多语言的命名规则相同，第一个字符必须是字母、下划线_或美元符号($)，其后的字符可以是字母、数字或下划线、美元符号。

下面都是合法的标识符。

　　i

　　my_name

　　_name

　　$str

　　n1

类似于 CSS 中 id 和 class 的名称，JavaScript 最基本的规则就是区分字母大小写。由于 HTML 代码不区分大小写，很多初学者在编写 JavaScript 程序代码的过程中不注意大小写，经常导致代码出错。为了方便起见，在实际编写中尽量使用小写，如以下代码。

　　var username,UserName,userName;

以上声明变量的语句，由于区分了大小写，一共声明了 3 个变量。

8.2.3　注释格式

JavaScript 程序也有注释代码，起到对某一段程序进行说明的作用，JavaScript 解释器将忽略注释部分。JavaScript 的注释分为单行注释和多行注释。单行注释以“//”开头，其后面的同一行部分为注释内容，而多行注释以“/*”开头，以“*/”结尾，其包含部分为注释内容。

8.3　变量和基本数据类型

程序是计算机的灵魂，是人和计算机交流的工具，JavaScript 程序也是如此。程序的运行需要操作各种数据值(value)，这些数据值在程序运行时存储在计算机的内存中。计算机内存会开辟很多的小块来存放这些值。这些类似于小房间的地方通常称之为变量，"房间"的大小就取决于其定义的数据类型，我们开发程序时应该根据不同的需要使用不同的数据类型，以避免浪费内存。

8.3.1　变量

变量就是在程序运算过程中其值可变的量。变量的主要作用是存取数据、提供存放信息的容器。对于变量必须明确变量的命名、变量的声明与赋值及变量的作用域。

1．变量命名规则

(1) 必须以字母或下划线开头，中间可以是数字、字母或下划线。

(2) 变量名不能包含空格或加号、减号等符号。

(3) 不能使用 JavaScript 中的关键字。

(4) JavaScript 的变量名是严格区分大小写的。例如 UserName 与 username 就代表两个不同的变量，这一点一定要特别注意。

2．变量的声明与赋值

在 JavaScript 中，使用变量前需要先声明变量。所有的 JavaScript 变量都由关键字 var 声明，语法格式如下：

```
var variable;
```

在声明变量的同时也可以对变量进行赋值，例如：

```
var variable = 11;
```

声明变量时所遵循的规则如下：

(1) 可以使用一个关键字 var 同时声明多个变量，例如：

```
var a,b,c        //同时声明 a、b 和 c 3 个变量
```

(2) 可以在声明变量的同时对其赋值，即初始化，例如：

```
var i=1;j=2;k=3;      //同时声明 i、j 和 k 3 个变量，并分别对其进行初始化
```

(3) 如果只是声明了变量，并未对其赋值，则其缺省值为 undefined。

3．变量的作用域

变量的作用域(scope)是指某变量在程序中的有效范围，也就是程序中定义这个变量的区域。在 JavaScript 中变量根据作用域可以分为全局变量和局部变量两种。全局变量是定义在所有函数之外，作用于整个脚本代码的变量；局部变量是定义在函数体内，只作用于函数体的变量，函数的参数也是局部性的，只在函数内部起作用。例如：

```
var x;          //全局变量 x
function firstFunction(){
```

```
        var y = 2;         //局部变量 y 的作用域为本函数
    }
    x=y;        //错误，在变量 y 的作用域外使用变量 y
```

说明：示例中有一个简单的函数 firstFunction()，这个函数声明并初始化了一个变量 y，在函数结束后，将 y 的值赋给了 x，这时 y 已经在它的作用域外，如果使用变量 y 将导致解释器报出错误。

8.3.2 基本数据类型

每一种计算机语言都有自己所支持的数据类型。在 JavaScript 脚本语言中采用的是弱类型的方式，即一个数据(变量或常量)不必首先作声明，可以在使用或赋值时再确定其数据的类型。当然也可以先声明该数据的类型，即通过在赋值时自动说明其数据类型。

JavaScript 基本数据类型有如下 5 个：

(1) 数值型。

(2) 布尔型。

(3) 字符串型。

(4) 未定义型。

(5) null 型。

1. 数值型

数字(number)是最基本的数据类型。在 JavaScript 中，所有的数字都是数值型。JavaScript 和其他程序设计语言(如 C 和 Java)的不同之处在于它并不区别整型数值和浮点型数值。JavaScript 采用 IEEE754 标准定义的 64 位浮点格式表示数字，这意味着它能表示的最大值是 $\pm 1.7976931348623157 \times 10^{308}$，最小值是 $\pm 5 \times 10^{-324}$。

当一个数字直接出现在 JavaScript 程序中时，我们称它为数值直接量。JavaScript 支持的数值直接量包括整型数据、十六进制和八进制数、浮点型数据，例如：

整型数据：123

十六进制数：0x5C

八进制数：023

浮点型数据：3.14(即小数)

2. 布尔型

数值数据类型和字符串数据类型的值有无穷多，但是布尔数据类型只有两个值，这两个合法的值分别由直接量"true"和"false"表示。一个布尔值代表的是一个"真值"，它说明了某个事物是真还是假。

布尔值通常在 JavaScript 程序中用来比较所得的结果。例如：

```
    n==1
```

这行代码测试了变量 n 的值是否和数值 1 相等。如果相等，比较的结果就是布尔值 true，否则结果就是 false。

布尔值通常用于 JavaScript 的控制结构。例如 JavaScript 的 if/else 语句就是在布尔值为

true 时执行一个动作，而在布尔值为 false 时执行另一个动作。通常将一个创建布尔值语句
与 if/else 语句结合在一起使用。

3. 字符串型

字符串(string)是由 Unicode 字符、数字、标点符号等组成的序列，它是 JavaScript 用来
表示文本的数据类型。程序中的字符串型数据是包含在单引号或双引号中的，由单引号定
界的字符串中可以含有双引号，由双引号定界的字符串中也可以含有单引号。例如：

单引号括起来的一个或多个字符，代码如下：

        '嗯'

        '好好学习，天天向上'

双引号括起来的一个或多个字符，代码如下：

        "嗯"

        "我想学习 JavaScript"

单引号定界的字符串中可以含有双引号，代码如下：

        'name="myname"'

双引号定界的字符串中可以含有单引号，代码如下：

        "You can call me 'Tom'!"

4. 未定义型

未定义型(undefined)的值只有一个 undefined，表示变量还没有被赋值，或者被赋值了
一个不存在的属性(如 var a = String.notProperty)

此外 JavaScript 中还有一种特殊类型的数字常量 NaN，即"非数字"。当程序由于某种
原因计算错误后，将产生一个没有意义的数字，此时 JavaScript 返回的数值就是 NaN。

5. null 型

JavaScript 中的关键字 null 是一个特殊的值，它表示为空值，用于定义空的或不存在的
引用。如果试图引用一个没有定义的变量，则返回一个 null 值。这里必须要注意的是：null
不等同于空的字符串("")或 0。

由此可见，null 与 undefined 的区别是：null 表示一个变量被赋予了一个空值，而
undefined 则表示该变量尚未被赋值。

6. 特殊字符

JavaScript 中同样有些以反斜杠(\)开头的不可显示的特殊字符，通常称为转义字符，也
叫控件字符，如表 8-2 所示。

表 8-2   JavaScript 常用的转义字符

转义字符	字符	转义字符	字符
\b	退格	\t	横向跳格(Ctrl+I)
\f	走纸换页	\'	单引号
\n	换行	\"	双引号
\r	回车	\\	反斜杠

8.4　运算符与表达式

程序运行时是靠各种运算进行的，运算时需要各种运算符和表达式的参与。大多数 JavaScript 程序运算符和数学中的运算符相似，不过还是有部分差异。

8.4.1　运算符

JavaScript 的运算符按操作数可以分为单目运算符、双目运算符和多目运算符 3 种，按运算符类型可以分为算术运算符、关系运算符、逻辑运算符、赋值运算符和条件运算符 5 种，具体介绍如下。

1. 算术运算符

算术运算符对数值(文字或变量)执行算术运算，JavaScript 支持所有数学中的运算符，例如(+)、减(−)、乘(×)、除(/)等。给定 y = 5，如表 8-3 所示说明了算术运算符的使用方法。

表 8-3　算术运算符使用方法

运算符	描述	例子	y 值	x 值
+	加法	x = y + 2	y = 5	x = 7
-	减法	x = y - 2	y = 5	x = 3
*	乘法	x = y * 2	y = 5	x = 10
/	除法	x = y / 2	y = 5	x = 2.5
%	余数	x = y % 2	y = 5	x = 1
++	自增	x = ++y	y = 6	x = 6
		x = y++	y = 6	x = 5
--	自减	x = --y	y = 4	x = 4
		x = y--	y = 4	x = 5

【例 8-5】下面通过使用算术运算符来完成一个简单的计算。定义两个变量 num1，num2，并且通过不同的算术运算符来进行简单的计算。程序代码如下：

```html
<!doctype html>
<html>
    <head>
        <meta charset="UTF-8">
        <title>算术运算符</title>
    </head>
    <body>
        <script type="text/javascript">
            var num1 = 100,num2 = 10;
```

```
        document.write("100+10="+(num1+num2)+"<br>");
        document.write("100-10="+(num1-num2)+"<br>");
        document.write("100*10="+(num1*num2)+"<br>");
        document.write("100/10="+(num1/num2)+"<br>");
        document.write("(100++)="+(num1++)+"<br>");
        document.write("(++100)="+(++num1)+"<br>");
    </script>
    </body>
    </html>
```

页面显示效果如图 8-5 所示。

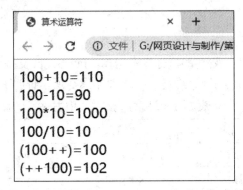

图 8-5　使用算术运算符完成计算显示效果

2．关系运算符

关系运算符用连接操作数来组成比较表达式。关系运算符的基本操作过程是：首先对操作数进行比较，然后返回一个布尔值 true 或 false。给定 x=5，如表 8-4 所示解释了关系运算符的使用方法。

表 8-4　关系运算符使用方法

运算符	例子	比较	返回值
==	等于	x==8	false
		x==5	true
===	绝对等于(值和类型均相等)	x==="5"	false
		x===5	true
!=	不等于	x!=8	true
!==	不绝对等于(值和类型有一个不相等，或两个都不相等)	x!=="5"	true
		x!==5	false
>	大于	x>8	false
<	小于	x<8	true
>=	大于或等于	x>=8	false
<=	小于或等于	x<=8	true

【**例 8-6**】分别使用不同的关系运算符来实现两个数值之间的大小比较。程序代码如下：

```
<!doctype html>
<html>
    <head>
        <meta charset="UTF-8">
        <title>关系运算符</title>
    </head>
    <body>
    <script type="text/javascript">
        var x = 5;
        document.write("5>=1： "+(x>=1)+"<br>");
        document.write("5<=1： "+(x<=1)+"<br>");
        document.write("5<1： "+(x<1)+"<br>");
        document.write("5!=1： "+(x!=1)+"<br>");
        document.write("5>1： "+(x>1)+"<br>");
    </script>
    </body>
</html>
```

显示效果如图 8-6 所示。

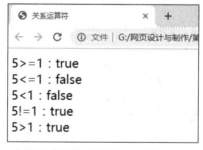

图 8-6　使用关系运算符比较两个数值大小显示效果

3. 逻辑运算符

JavaScript 支持的常用逻辑运算符，给定 x=6 和 y=3，逻辑运算符的使用方法如表 8-5 所示。

表 8-5　逻辑运算符使用方法

运算符	描述	例子
&&(与运算)	and	(x > 10 && y > 1) 为 false
||(或运算)	or	(x<5 || y==5) 为 false
!(非运算)	not	!(x==y) 为 true

【**例 8-7**】分别使用不同的逻辑运算符来进行运算，根据表达式的值来返回真值或假值。程序代码如下：

```
<!doctype html>
```

```html
<html>
  <head>
      <meta charset="UTF-8">
      <title>逻辑运算符</title>
  </head>
  <body>
  <script type="text/javascript">
      var a = 2,b = 3;
      document.write("2<3 && 2<=3 ："+((a<b)&&(a<=b))+"<br>");
      document.write("2<3 && 2>3 ："+((a<b)&&(a>b))+"<br>");
      document.write("2<3 || 2>3 ："+((a<b)||(a>b))+"<br>");
      document.write("2>3 && 2>=3 ："+((a>b)&&(a>=b))+"<br>");
      document.write("!(2<3) ："+(!(a<b))+"<br>");
      document.write("!(2>3) ："+(!(a>b))+"<br>");
  </script>
  </body>
</html>
```

显示效果如图 8-7 所示。

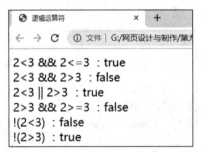

图 8-7　使用逻辑运算符进行运算显示效果

4. 赋值运算符

最基本的赋值运算符是等于号 "="，用于对变量进行赋值，而其他运算符可以和赋值运算符 "=" 联合使用，构成组合赋值运算符。给定 x=10 和 y=5，赋值运算符的使用方法如表 8-6 所示。

表 8-6　赋值运算符

运算符	例子	Same As	x 值
=	x = y	x = y	x = 5
+=	x += y	x = x + y	x = 15
-=	x -= y	x = x - y	x = 5
*=	x *= y	x = x * y	x = 50
/=	x /= y	x = x / y	x = 2
%=	x %= y	x = x % y	x = 0

【例 8-8】赋值运算符的应用,定义变量 a 和 b,变量 a 的值不断随赋值语句发生变化,而 b 的值始终不变。程序代码如下:

```
<!doctype html>
<html>
    <head>
        <meta charset="UTF-8">
        <title>赋值运算符</title>
    </head>
    <body>
    <script type="text/javascript">
        var a = 3,b = 2;
        document.write("3 += 2 的结果为: "+(a += b)+"<br>");
        document.write("3 -= 2 的结果为: "+(a -= b)+"<br>");
        document.write("3 *= 2 的结果为: "+(a *= b)+"<br>");
        document.write("3 /= 2 的结果为: "+(a /= b)+"<br>");
        document.write("3 %= 2 的结果为: "+(a %= b)+"<br>");
    </script>
    </body>
</html>
```

显示效果如图 8-8 所示。

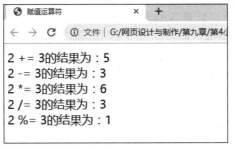

图 8-8　使用赋值运算符定义变量显示效果

5. 条件运算符

条件运算符是 JavaScript 支持的一种特殊的三目运算符,其语法格式如下:

```
操作数?结果 1:结果 2
```

如果"操作数"的值为 true,则整个表达式的结果为"结果 1",否则为"结果 2"。下面通过示例演示条件运算符的应用。

【例 8-9】定义了两个变量 age、status,判断 age 是否大于等于 18,如果大于等于 18,则给 status 赋值为成年人,否则赋值为未成年人,最后输出 status 的值。程序代码如下:

```
<!doctype html>
<html>
    <head>
```

```
        <meta charset="UTF-8">
        <title>条件运算符</title>
    </head>
    <body>
    <script type="text/javascript">
        var age,status;
        age = 22;
        status = (age>=18) ? "成年人" : "未成年人";
        document.write("小高是：" +status+".");
    </script>
    </body>
    </html>
```

显示效果如图 8-9 所示。

图 8-9   使用条件运算符赋值显示效果

6．运算符优先级

JavaScript 中的运算符优先级是一套规则。该规则在计算表达式时控制运算符执行的顺序。具有较高优先级的运算符先于较低优先级的运算符执行，例如乘法的执行先于加法。

如表 8-7 所示，按从最高到最低的优先级列出了 JavaScript 运算符。具有相同优先级的运算符按从左至右的顺序求值。

表 8-7   运算符优先级

运算符	描述
. [] ()	字段访问、数组下标、函数调用以及表达式分组
++ -- - ~ ! delete new typeof void	一元运算符、返回数据类型、对象创建、未定义值
* / %	乘法、除法、取模
+ - +	加法、减法、字符串连接
<< >> >>>	移位
< <= > >= instanceof	小于、小于等于、大于、大于等于、instanceof
== != === !==	等于、不等于、严格相等、非严格相等
&	按位与
^	按位异或
|	按位或
&&	逻辑与
||	逻辑或
?:	条件
=、+=、-=、*=、/=、%=、	混合赋值运算符
,	多个计算

　　圆括号可用来改变运算符优先级所决定的求值顺序。这意味着圆括号中的表达式应在其用于表达式的其余部分之前全部被求值，如下所示：

　　　　z = 78 * (96 + 3 + 45)

　　在该表达式中有 5 个运算符，即=、*、()、+以及另一个 +。根据运算符优先级的规则，它们将按下面的顺序()、+、+、*、=求值：

　　(1) 对圆括号内的表达式求值。圆括号中有两个加法运算符。因为两个加法运算符具有相同的优先级(从左到右求值)，所以先将 96 和 3 相加，然后将其和与 45 相加，得到的结果为 144。

　　(2) 进行乘法运算。78 乘以 144，得到结果 11232。

　　(3) 赋值运算。将 11232 赋给 z。

8.4.2　表达式

　　表达式是一个语句集合，像一个组一样。计算结果是个单一值，这个结果被 JavaScript 归入下列数据类型之一：boolean、number、string、function 或者 object。

　　一个表达式本身可以简单为一个数字或者变量，或者它可以包含许多连接在一起的变量关键字以及运算符。

　　例如表达式 x=7 就是将值 7 赋给变量 x，整个表达式计算结果为 7，因此在一行代码中使用此类表达式是合法的。一旦将 7 赋值给 x 的工作完成，那么 x 也将是一个合法的表达式。除了赋值运算符，还有许多可以用来形成一个表达式的其他运算符，例如算术运算符、字符串运算符、逻辑运算符等。

8.5　程序控制语句

　　在生活中，人们需要通过大脑来支配自身行为。同样在程序中也需要相应的控制语句来控制程序的执行流程。在 JavaScript 中主要的流程控制语句有顺序控制语句、分支控制语句和循环控制语句等，下面将针对这几种语句进行详细讲解。

8.5.1　顺序控制语句

　　JavaScript 顺序程序设计是最基本的程序设计思路，顺序程序设计是按照顺序一步步设计，中间没有判断与分叉语句，程序从上至下运行，顺序控制语句的执行流程如图 8-10 所示。

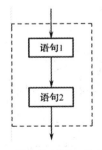

图 8-10　顺序控制语句执行流程图

【例 8-10】输入三角形的三个边，计算三角形的面积 s。

分析过程：

(1) 输入三个边(a, b, c)的长度。

(2) 计算三角形面积(可以通过海伦公式计算三角形面积　s=sqrt(p*(p-a)*(p-b)*(p-c))，p 为三角形的半周长，p=(a+b+c)/2。

(3) 输出三角形的面积 s。

程序代码如下：

```html
<!doctype html>
<html>
  <head>
      <meta charset="UTF-8">
      <title>计算三角形的面积</title>
  </head>
  <body>
<script type="text/JavaScript">
    //a，b，c 为三角形的三个边
    var a = 3,b = 4,c = 5;
    //s 为三角形的面积，p 为三角形的半周长
    var s = 0,p = 0;
    p = (a + b + c)/2;
    s = Math.sqrt(p * (p - a) * (p - b) * (p - c));
    document.write("三角形的面积为:" + s);
  </script>
  </body>
</html>
```

显示效果如图 8-11 所示。

三角形的面积为:6

图 8-11　计算三角形的面积

8.5.2　分支控制语句

分支控制语句使用逻辑方式判断语句的执行顺序，判断条件通常是一个表达式。如果表达式的值为"真"，将采用一种执行方式；如果表达式的值为"假"，将采用另外的执行方式。这种控制方法就像一个岔路口，必须根据一定的目的或方式选择行驶的道路。顺序控制语句的执行流程如图 8-12 所示。

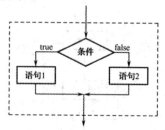

图 8-12　分支控制语句执行流程图

在 JavaScript 编程语言中，分支语句有 if 分支语句；switch 分支语句两种。

1. if 语句

if 语句是一种单一的选择语句，可以分为单路分支、双路分支、多分支、嵌套分支。下面针对这几种进行详细讲解。

(1) if 语句单路分支。

基本语法规则如下：

```
if(条件表达式){
    条件成立执行的语句;
}
```

"条件表达式"如果成立将返回结果"true"，否则将返回结果"false"。但是当且仅当返回"true"时，语句才会被执行，否则语句将不会被执行。如果只有一条语句，可以省略大括号。

【例 8-11】单路分支的用法。程序代码如下：

```
<!doctype html>
<html>
    <head>
        <meta charset="UTF-8">
        <title></title>
    </head>
    <script type="text/JavaScript">
        if(1<2)
            document.write("如果 1<2，则输出这条语句");
    </script>
    <body>
    </body>
</html>
```

显示效果如图 8-13 所示。

图 8-13　if 语句单路分支页面效果

(2) if else 语句双路分支。

当条件为 true 时执行条件成立语句否则执行其他语句。基本语法规则如下：

```
if(判断条件){
    判断为 true 的时候，执行的语句
}
else{
    判断为 false 的时候执行的语句
```

　　　　}

【例 8-12】根据时间判断应该起床还是睡觉，时间(time)大于等于 7 为该起床了，否则为继续睡觉。

分析过程：

① 定义变量 time 并赋值为 10。

② 当 time<7 时，弹出弹窗显示当前时间是 time，还可以睡觉。

③ 当 time>=7 时，弹出弹窗显示当前时间是 time，该起床啦。

程序代码如下：

```html
<!doctype html>
<html>
  <head>
      <meta charset="UTF-8">
      <title>if else 语句双路分支</title>
  </head>
  <body>
  <script type="text/javascript">
      var sj = 8;                              //定义变量 sj 并赋值为 8
      if(sj<7){                                //判断 sj 是否小于 7
          alert("当前时间是："+sj+"点，还可以睡觉！"); //sj 小于 7，弹出信息
      }else{                                   //否则
          alert("当前时间是："+sj+"点，该起床啦！");    //时间大于等于 7 弹出信息
      }
  </script>
  </body>
</html>
```

显示效果如图 8-14 所示。

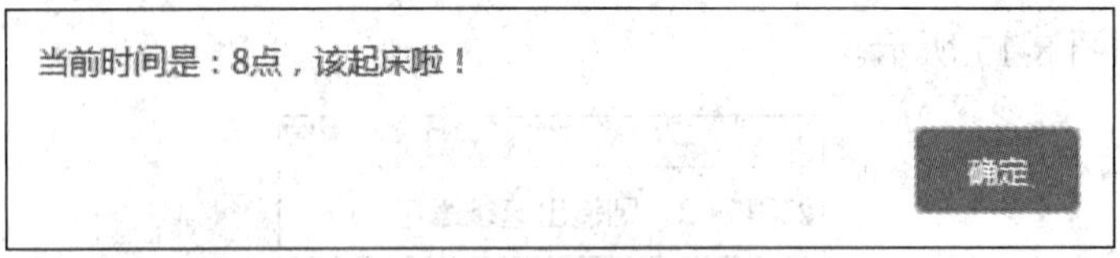

图 8-14　if else 语句双路分支显示效果

(3) if else if 语句多分支。

if else if 语句多分支：使用该语句来选择多个语句块之一来执行。基本语法规则如下：

```
if(判断条件){
        判断为 true 的时候，执行的语句
        }
    else if(判断条件) {
            语句 1
        }
```

```
      else if(判断条件) {

                        语句 2

                    }
```

【例 8-13】 if else if 语句多分支应用。程序代码如下：

```html
<!doctype html>
<html>
  <head>
      <meta charset="UTF-8">
      <title>if else if 语句多分支</title>
  </head>
  <body>
      <script type="text/javascript">
          var score =   75;                //定义 score 变量并且赋值为 75
          if (score >= 80) {               //判断成绩是否大于 80
            document.write('优秀');         //大于 80 输出优秀
          } else if (score >= 60) {        //判断成绩是否 60<=成绩<80
            document.write('及格');         //成绩：60<=成绩<80
          } else if (score >= 30) {        //判断成绩是否 30<=成绩<60
            document.write('不及格'),        //成绩：30<=成绩<60
          } else {
            document.write("成绩小于 30 分");
          }
      </script>
  </body>
</html>
```

显示效果如图 8-15 所示。

及格

图 8-15　if else if 语句多分支显示效果

2. switch 条件语句

switch 语句就像是一个多路的岔路口。switch 语句的语法结构是先定义一个条件表达式，然后一个个地检查是否能够找到匹配值，如果无法找到匹配值，就执行 default 条件。其语法格式如下。

```
      switch(表达式)
      {
          case  常量表达式 1:
              执行语句 1;
```

```
                    break;
        case 常量表达式 2:
            执行语句 2;
                    break;

        case 常量表达式 n:
            执行语句 n;
                    break;
    default:
            执行语句 n+1;
                    break;

    }
```

从语法规则可以看出，case 语句结束后都伴随一个 break 语句，break 语句的含义是程序运行到这里的时候跳出。用在循环中可以跳出循环，用在 switch 语句中可以跳出 switch 语句，执行 switch 语句后面的代码。语法中的 break 关键字将在后面的小节中做具体介绍，此处初学者只需要知道 break 的作用是跳出 switch 语句即可。

【例 8-14】switch 条件语句应用。定义一个变量，并对其赋值，然后运用 switch 条件语句获得变量值，并判断变量值与 case 语句的目标值是否匹配，匹配则输出相应的执行语句并跳出循环，否则继续判断下一个 case 语句。如果 case 语句均不匹配，则执行 "default" 语句下的执行语句。程序代码如下：

```
<!doctype html>
<html>
  <head>
      <meta charset="UTF-8">
      <title></title>
  </head>
<script type="text/javascript">
    var a = 12;
    switch(a%2){
        case 0:
            document.write(a+"是偶数");
            break;
        case 1:
            document.write(a+"是奇数");
            break;
        default :
            document.write("输入的数不符合要求");
            break;
        }
```

```
  </script>
  <body>
  </body>
</html>
```

显示效果如图 8-16 所示

图 8-16　switch 条件语句显示效果

8.5.3　循环控制语句

循环语句可以让程序反复执行某个语句或语句块。循环控制语句是由循环体及循环的终止条件两部分组成的。一组被重复执行的语句称之为循环体，能否继续重复决定于循环的终止条件。JavaScript 中用于实现循环结构的语句有 while 循环语句、do while 循环语句和 for 循环语句。下面将针对这三种循环语句具体讲解。

1．while 循环语句

while 循环语句重复执行一段代码，直到某个条件不再满足为止。它的基本语法如下：当表达式的值为 true 时，反复执行大括号中的内容，直到判断条件的值为 false 为止。其基本语法格式如下：

```
while(判断条件)
{
    循环代码;
}
```

【例 8-15】while 语句应用。定义变量 sum 和 a，并设置变量 a 和 sum 的初始值都为 0，然后指定循环条件 a<10：当 a 的赋值小于 10 时，就会输出大括号中的执行语句，最后让变量 a 进行自增；当 a 的取值大于等于 10 时，循环结束。程序代码如下：

```
<!doctype html>
<html>
  <head>
      <meta charset="UTF-8">
      <title>while 循环语句</title>
  </head>
    <script type="text/javascript">
        var a = 0;
        var sum = 0;
        while(a<=10){
            sum = sum + a;
```

```
        a++;
    }
    document.write("1 到 10 的累加和是:"+sum);
  </script>
  <body>
  </body>
</html>
```

显示结果如图 8-17 所示。

图 8-17　while 循环语句显示效果

2. do…while 循环语句

do…while 语句和 while 语句的功能类似。while 语句是先判断条件是否满足，满足则执行循环。do…while 语句是在先执行一次循环语句后，再判断条件是否满足，所以 do…while 语句的循环控制语句至少都会被执行一次。

do…while 语句的基本语法结构如下：

```
do{
    循环代码；
}while(判断条件);
```

【例 8-16】do…while 语句的应用。定义变量 sum 和 a，并设置变量 a 和 sum 的初始值都为 0，然后执行大括号的执行语句。最后根据循环条件进行判断，当 a 的取值大于 10 时，循环结束。程序代码如下：

```
<!doctype html>
<html>
  <head>
      <meta charset="UTF-8">
      <title>do…while 循环语句</title>
  </head>
  <script type="text/javascript">
      var sum = 0;
      var a = 0;
      do{
          sum = sum + a;
          a++;
      }while(a<=10);
      document.write("1 到 10 的累加和是"+sum);
  </script>
```

```
    <body>
    </body>
  </html>
```

显示效果如图 8-18 所示。

图 8-18　do…while 循环语句显示效果

3. for 循环语句

for 语句非常灵活，完全可以代替 while 与 do…while 语句，其语法格式如下：

```
for(初始化表达式；判断表达式；操作表达式)
{
    循环体代码；
}
```

先执行"初始化表达式"，再根据"判断表达式"的结果判断是否执行循环，当"判断表达式"为真(true)时，执行循环中的语句，最后执行"操作表达式"，并继续返回循环的开始进行新一轮的循环；"判断表达式"为假(false)时不执行循环，并退出 for 循环。

【例 8-17】利用 for 循环语句计算 1 到 10 累加之和，程序代码如下：

```
<!doctype html>
<html>
  <head>
      <meta charset="UTF-8">
      <title>for 循环语句</title>
  </head>
  <script type="text/javascript">
      var sum = 0;
      for(var i=1;i<=10;i++){
          sum += i;
      }
      document.write("1 到 10 的累加和是:"+sum);
  </script>
  <body>
  </body>
</html>
```

在上述代码中，首先定义变量 sum，用于记住累加的和，然后设置 for 循环的初始化表达式为"var i=1"，循环条件为"i<=10"，并让变量 i 自增 1，这样就可以得到 0 到 10 所有的数。最后通过"sum += i;"累加求和，并输出计算结果。

显示效果如图 8-19 所示。

图 8-19　for 循环语句显示效果

8.5.4　跳转语句

跳转语句用于实现循环执行过程中程序流程的跳转。在 JavaScript 中,跳转语句有 break 语句和 continue 语句,对它们的具体讲解如下:

1. break 语句

在 switch 条件语句和循环语句中都可以使用 break 语句,当它出现在 switch 条件语句中时,作用是终止某个 case 并跳出 switch 结构。break 语句也可用于退出循环,break 语句退出循环后整个循环终止,其语法格式如下:

```
break;
```

【例 8-18】break 语句应用,程序代码如下:

```
<!doctype html>
<html>
  <head>
      <meta charset="UTF-8">
      <title>break 语句</title>
  </head>
  <script>
      var sum = 0;
      for(var i=0;i<=10;i++){
         sum = sum + i;
         if(sum>20){
             break;
         }
      }
      document.write(sum);
  </script>
  <body>
  </body>
</html>
```

在上述代码中,通过 sum+=i 对数值进行累加,当自然数之和大于 20 时,通过 if(sum>20){break;}自动跳出循环。

显示结果如图 8-20 所示。

图 8-20 break 语句显示结果

2. continue 语句

continue 语句仅仅跳过本次循环，而整个循环将继续执行。其语法格式如下：

```
continue;
```

【例 8-19】continue 语句的应用，程序代码如下：

```html
<!doctype html>
<html>
  <head>
      <meta charset="UTF-8">
      <title>continue 语句</title>
  </head>
  <script type="text/javascript">
      for(var i = 0;i<=9;i++){
          if(i==7){
              continue;
          }
          document.write(i+"<br />");
      }
  </script>
  <body>
  </body>
</html>
```

在上述代码中，首先应用 for 循环判断，如果 i<=9 就执行 i++，然后应用 if 语句判断，如果 i 值等于 7 就通过 continue 语句跳出本次循环。

显示结果如图 8-21 所示。

图 8-21 continue 语句显示结果

8.6 函　　数

JavaScript 中的函数是可以完成某种特定功能的一系列代码的集合，是进行模块化程序设计的基础。编写复杂的应用程序，必须对函数有更加深入的了解。JavaScript 中的函数不同于其他语言，它的每个函数都是作为一个对象被维护和运行的。通过函数对象的性质，可以方便地将一个函数赋值给一个变量或者将函数作为参数传递。

1. 函数的语法

定义函数最常用的方法是使用保留字 function，保留字后是函数名、参数列表和使用大括号括起来的语句块。函数的基本语法结构如下：

```
function  函数名(参数 1，参数 2，…，参数 n)
{
    语句块；
}
```

函数中的语句块将在以下几种其他代码调用该函数时执行：

(1) 当事件发生时(当用户单击按钮时)。

(2) 当 JavaScript 代码调用时。

(3) 自动调用(自调用)。

【例 8-20】函数的应用，如图 8-22 所示。

```
<!doctype html>
<html>
  <head>
      <meta charset="UTF-8">
      <title>函数的简单使用</title>
  </head>
  <script type="text/JavaScript">
      //定义不带参数的函数
      function welcome1()
  {
      document.write("您好，欢迎访问我们的网站！");
  }
      //定义带一个参数的函数
      function welcome2(name)
  {
      document.write("您好，"+name+"，欢迎访问我们的网站！");
  }
      //调用 welcome2 函数
      welcome2("小明");
```

```
        </script>
        <body>
        </body>
    </html>
```

在上述代码中定义了两个函数：第一个函数 welcome1()的作用是直接在网页中输出欢迎信息；第二个函数 welcome2(name)，通过获取传递的参数 name 获得用户的名称，然后在网页中输出欢迎信息；在脚本的最后通过语句"welcome2("小明");"调用了带参数的函数名"welcome2"的函数，并把函数值传给"小明"，此时计算机会去执行名为"welcome2"的函数体中的语句，在网页中输出信息，显示的结果如图 8-22 所示。

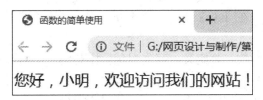

图 8-22　函数的应用显示结果

2. 函数的返回值

当 JavaScript 程序执行到 return 语句时，函数将停止执行。如果函数被某条语句调用，JavaScript 将在调用语句之后返回执行语句，函数通常会计算出返回值，这个返回值会返回给调用者。

【例 8-21】通过计算两个数的乘积，并返回结果的案例演示函数返回值的用法。程序代码如下：

```
        <!doctype html>
        <html>
            <head>
                <meta charset="UTF-8">
                <title>函数的返回值</title>
            </head>
            <script type="text/javascript">
                function myFunction(a, b) {
                    return a * b;                // 函数返回 a 和 b 的乘积
                }
                var x = myFunction(4, 3);        // 调用函数，返回值被赋值给 x
                document.write("乘积为："+ x);
            </script> <body>
            </body>
        </html>
```

在上述代码中定义了一个函数 myFunction(a,b)，其作用是返回 a 和 b 的乘积，然后调用函数 myFunction(a,b)，并给 a 和 b 分别赋值为 4 和 3，此时会将 a*b 返回并赋值给 x，最后输出 x 的值，运行结果如图 8-23 所示。

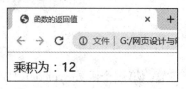

图 8-23　函数的返回值运行结果

3. 函数中变量的作用域

变量需要先定义后使用，但这并不意味着定义变量后就可以随时使用该变量。变量需要在它的作用范围内才可以被使用，这个范围被称为变量的作用域。变量的作用域取决于这个变量是哪一种变量。在 JavaScript 中，变量一般分为全局变量和局部变量，对它们的具体解释如下：

全局变量：在所有函数之外定义，其作用域范围是同一个网页文件中的所有脚本。

局部变量：定义在函数体之内，只对该函数是可见的，而对其他函数则是不可见的。

【例 8-22】通过一个输出 1～100 中所有素数的案例来理解函数中变量的作用域，程序代码如下：

```html
<!doctype html>
<html>
  <head>
      <meta charset="UTF-8">
      <title>函数的作用域</title>
      <script type="text/javascript">
          function prime(n) {
              if(n<1)return false;      //函数返回值：若 n 是素数，则返回 true，否则返回 false
              var i;                    //此处变量 i 为局部变量
              for(i=2;i<n;i++){
                  if(n%i==0){
                      return false;
                  }
              }
              return true;
          }
      </script>
  </head>
  <body>
  <script type="text/javascript">
      var   i,n = 0;                         //i，n 声明为全局变量
      document.write("1-100 之间的所有素数<br >");
      for (i=1;i<=100;i++){
```

```
    if(prime(i)){                    //判断是否为素数
        n++;                         //累计素数个数
        document.write(i+" ");
        if(n%5==0)document.write("<br >");//换行，5 个素数为一行
    }
  }
 </script>
 </body>
 </html>
```

在上述代码中，第 8 行的变量 n 和第 9 行变量 i 均为局部变量，而第 21 行的变量 n 和 i 均为全局变量，所以它们之间不会发生冲突，运行结果如图 8-24 所示。

图 8-24　函数的作用域运行结果

本 章 小 结

本章主要是介绍了 JavaScript 的相关基础知识，对 JavaScript 语法基础做了简单的介绍，包括<script>标签声明、JavaScript 代码格式和大小写规范等。重点要掌握变量、数据类型、运算符与表达式、程序控制语句以及函数，这些都是计算机程序逻辑实现的基础，读者需要认真学习。

项 目 实 训

一、选择题

1. 如果有函数定义 function f(x,y){…}，那么以下正确的函数调用是(　　　)。

A．f1,2　　　　　　B．f(1)　　　　　　C．f(1,2)　　　　　　D．f(,2)

2. 定义函数时，在函数名后面的圆括号内可以指定(　　　)个参数。

A．0　　　　　　　　B．1　　　　　　　　C．2　　　　　　　　D．任意

3. 下列 JavaScript 的循环开始语句中(　　　)是正确的。

A．for i=1 to 10　　　　　　　　　B．for(i=0;i<=10)

C．for(i<=10;i++)　　　　　　　　D．for(i-0;i<=10;i++)

4. 下述 break 语句的描述中，(　　　)是不正确的。

A．break 语句用于循环体内，它将退出该重循环

B．break 语句用于 switch 语句，它表示退出该 switch 语句

C．break 语句用于 if 语句，它表示退出该 if 语句

D．break 语句在一个循环体内可使用多次

5．表达式 160%9 的计算结果是(　　　)。

A．5　　　　　　　　B．6　　　　　　　　C．7　　　　　　　　D．8

6．下列运算符中，(　　　)优先级最高。

A．==　　　　　　　B．&&　　　　　　　C．+　　　　　　　D．*=

7．下面(　　　)表达式的返回值为 True。

A．!(3<=1)　　　　　　　　　　　B．(1!=2)&&(2<0)

C．!(20>3)　　　　　　　　　　　D．(5!=3)&&(50<10)

8．下面四个变量声明语句中，(　　　)变量的命名是正确的。

A．var for　　　　　　　　　　　B．var txt_name

C．var myname myval　　　　　　D．var 2s

二、判断题

1．每一 JavaScript 语句之间用英文逗号分隔，建议一行只写一条语句，这样可以保持特殊格式分明。(　　　)

2．变量名必须以字母开头，后面跟随字母或数字。(　　　)

3．在 JavaScript 程序中引用字符串必须包含英文双引号或者英文单引号。(　　　)

第 9 章　JavaScript 中的对象与事件

　　JavaScript 使用"对象化编程",也叫"面向对象编程"。所谓"对象化编程",意思是把 JavaScript 能涉及的范围划分大大小小的对象,对象下面再继续划分对象直到非常详细为止。所有的编程以对象为出发点,基于对象;小到一个变量,大到网页文档、窗口甚至屏幕等,都是对象。

　　每个对象有它自己的属性、方法和事件。对象的属性反映了该对象某些特定的性质,例如字符串的长度、图像的长宽、文字框(Textbox)里的文字等。对象的方法能对该对象做一些事情,例如表单的"提交"(Submit),窗口的"滚动"(Scrolling)等。而对象的事件就能响应发生在对象上的事情,例如提交表单产生表单的"提交事件",单击链接产生的"单击事件"。

　　不是所有的对象都有以上三个性质,有些没有事件,有些只有属性。

本章要点

- 认识 JavaScript 对象
- 了解 JavaScript 内置对象
- 了解 JavaScript 浏览器对象
- 熟悉 JavaScript 事件处理

9.1　认识 JavaScript 对象

　　JavaScript 中的对象是由属性(properties)和方法(methods)两个基本的元素构成的。属性是作为对象成员的变量,表明对象的状态;而方法是作为对象成员的函数,表明对象所具有的行为。具体如下:

　　属性:用来描述对象特性的数据,即若干变量。

　　方法:用来操作对象的若干动作,即若干函数。

　　通过访问或设置对象的属性,并且调用对象的方法,就可以对对象进行各种操作,从而获得需要的功能。

　　JavaScript 内置了很多对象,也可以直接创建一个新对象。创建对象的方法是使用 new 运算符和构造函数,编写方法:var 新对象实例名称 = new 构造函数。

　　使用成员运算符"."访问对象属性方法:对象名.属性名。

　　使用成员运算符"."访问对象方法:对象名.方法名()。

　　通过访问或设置对象的属性，并且调用对象的方法，就可以对对象进行各种操作，从而获得重要的功能。例如 screen.width 表示通过 screen 对象的 width 属性获得屏幕宽度；Math.sqrt(x)表示通过 Math 对象的 sqrt()方法获取 x 的平方根。

　　【例 9-1】创建一个对象动态地为其增加属性和方法来理解对象的声明，程序代码如下：

```html
<!doctype html>
<html>
  <head>
      <meta charset="UTF-8">
      <title>创建对象</title>
  </head>
  <body>
      <script type="text/javascript">
          var date = new Date();
          document.write(" 现 在 是 ： "+date.getHours()+" 时 "+date.getMinutes()+" 分 "+date.getSeconds()+"秒");
      </script>
  </body>
</html>
```

　　运行结果如图 9-1 所示。在上述代码中，第 9 行代码使用运算符 new 创建了一个 Date 对象(关于 Date 对象的用法在后面详细介绍)，并把这个对象赋值给变量 data。通过变量 date 就可以调用 Date 对象的方法以获取当前系统的时间。

现在是：19时42分32秒

图 9-1　创建对象运行结果

9.2　内 置 对 象

　　JavaScript 中提供了许多内置对象，如 Array、Boolean、Date、Function、Global、Math、Number、Object、RegExp、String 以及各种错误类对象等，下面对常用的 Date 对象、Math 对象和 String 对象分别进行介绍。

9.2.1　Date 对象

　　Date 对象有大量用于设置、获取和操作日期的方法，从而实现在网页中显示不同类型的日期时间，Date 对象常用的方法如表 9-1 所示。

表 9-1　Date 对象的常用方法

方　法	描　　述
Date()	返回当日的日期和时间
getDate()	从 Date 对象返回一个月中的某一天 (1～31)
getDay()	从 Date 对象返回一周中的某一天(0～6)
getMonth()	从 Date 对象返回月份(0～11)
getFullYear()	从 Date 对象以四位数字返回年份
getYear()	请使用 getFullYear()方法代替
getHours()	返回 Date 对象的小时(0～23)
getMinutes()	返回 Date 对象的分钟(0～59)
getSeconds()	返回 Date 对象的秒数(0～59)
getMilliseconds()	返回 Date 对象的毫秒(0～999)
getTime()	返回 1970 年 1 月 1 日至今的毫秒数
getUTCDate()	根据世界时从 Date 对象返回月中的一天 (1～31)
getUTCDay()	根据世界时从 Date 对象返回周中的一天 (0～6)
getUTCMonth()	根据世界时从 Date 对象返回月份 (0～11)
getUTCFullYear()	根据世界时从 Date 对象返回四位数的年份
getUTCHours()	根据世界时返回 Date 对象的小时 (0～23)
getUTCMinutes()	根据世界时返回 Date 对象的分钟 (0～59)
getUTCSeconds()	根据世界时返回 Date 对象的秒钟 (0～59)
getUTCMilliseconds()	根据世界时返回 Date 对象的毫秒(0～999)
parse()	返回 1970 年 1 月 1 日午夜到指定日期(字符串)的毫秒数
setDate()	设置 Date 对象中月的某一天 (1～31)
setMonth()	设置 Date 对象中月份 (0～11)
setFullYear()	设置 Date 对象中的年份(四位数字)
setYear()	请使用 setFullYear() 方法代替
setHours()	设置 Date 对象中的小时(0～23)
setMinutes()	设置 Date 对象中的分钟(0～59)
setSeconds()	设置 Date 对象中的秒钟(0～59)
setMilliseconds()	设置 Date 对象中的毫秒(0～999)
setTime()	以毫秒设置 Date 对象
setUTCDate()	根据世界时设置 Date 对象中月份的一天(1～31)
setUTCMonth()	根据世界时设置 Date 对象中的月份(0～11)
setUTCFullYear()	根据世界时设置 Date 对象中的年份(四位数字)
setUTCHours()	根据世界时设置 Date 对象中的小时(0～23)
setUTCMinutes()	根据世界时设置 Date 对象中的分钟(0～59)
setUTCSeconds()	根据世界时设置 Date 对象中的秒钟(0～59)

续表

方 法	描 述
setUTCMilliseconds()	根据世界时设置 Date 对象中的毫秒(0~999)
toString()	把 Date 对象转换为字符串
toTimeString()	把 Date 对象的时间部分转换为字符串
toDateString()	把 Date 对象的日期部分转换为字符串
toLocaleString()	根据本地时间格式，把 Date 对象转换为字符串
toLocaleTimeString()	根据本地时间格式，把 Date 对象的时间部分转换为字符串
toLocaleDateString()	根据本地时间格式，把 Date 对象的日期部分转换为字符串

创建 Date 对象的语法如下：

```
var myDate=new Date()
```

【例 9-2】通过一个案例演示如何获得当前系统的时间，程序代码如下：

```
<!doctype html>
<html>
    <head>
        <meta charset="UTF-8">
        <title>获得当前系统时间</title>
    </head>
    <body>
    <script type="text/javascript">
        var time = new Date();
        var year = time.getFullYear();        //获得年
        var month = time.getMonth() + 1;       //获得月
        var date = time.getDate();            //获得日
        var hours = time.getHours();          //获得时
        var minutes = time.getMinutes();      //获得分
        var seconds = time.getSeconds();      //获得秒
        document.write("现在系统时间是："+year+"年"+month+ "月"+date+ "日"+hours+"时"+minutes+"分"+seconds+"秒");
    </script>
    </body>
</html>
```

运行结果如图 9-2 所示，第 11 行代码将获取的月份多加了 1，原因是 getMonth()返回日期的月份值介于 0~11，分别表示 1-12 月。

现在系统时间是：2019年12月12日20时6分9秒

图 9-2 获得当前系统时间运行结果

9.2.2 Math 对象

Math 对象是数学对象，提供对数据的数学计算，如获取绝对值、向上取整等。无构造函数无法被初始化，只提供静态属性和方法，Math 对象常用的属性和方法分别如表 9-2、表 9-3 所示。

表 9-2 Math 对象的属性

属　　性	描　　述
E	返回算术常量 e，即自然对数的底数(约等于 2.718)
LN2	返回 2 的自然对数(约等于 0.693)
LN10	返回 10 的自然对数(约等于 2.302)
LOG2E	返回以 2 为底的 e 的对数(约等于 1.414)
LOG10E	返回以 10 为底的 e 的对数(约等于 0.434)
PI	返回圆周率(约等于 3.14159)
SQRT1_2	返回 2 的平方根的倒数(约等于 0.707)
SQRT2	返回 2 的平方根(约等于 1.414)

表 9-3 Math 对象的方法

方　　法	描　　述
abs(x)	返回数的绝对值
acos(x)	返回数的反余弦值
asin(x)	返回数的反正弦值
atan(x)	以介于 –PI/2 与 PI/2 弧度之间的数值来返回 x 的反正切值
atan2(y,x)	返回从 x 轴到点 (x,y) 的角度(介于 –PI/2 与 PI/2 弧度之间)
ceil(x)	对数进行上舍入
cos(x)	返回数的余弦
exp(x)	返回 e 的指数
floor(x)	对数进行下舍入
log(x)	返回数的自然对数(底为 e)
max(x,y)	返回 x 和 y 中的最高值
min(x,y)	返回 x 和 y 中的最低值
pow(x,y)	返回 x 的 y 次幂
random()	返回 0～1 之间的随机数
round(x)	把数四舍五入为最接近的整数
sin(x)	返回数的正弦
sqrt(x)	返回数的平方根
tan(x)	返回角的正切
toSource()	返回该对象的源代码
valueOf()	返回 Math 对象的原始值

【例 9-3】通过获取 5～10 之间随机整数的案例来演示 Math 对象属性和方法的使用，程序代码如下：

```
<!doctype html>
<html>
    <head>
        <meta charset="UTF-8">
        <title>获得 5～10 的随机整数</title>
    </head>
    <body>
    <script type="text/javascript">
        var e = Math.random() * 5 + 5;   //返回 5～10 的随机数
        var number = Math.round(e);      //四舍五入进行取整
        document.write("产生的随机整数：" + number);
    </script>
    </body>
</html>
```

在上述代码中首先通过 random()产生 0～1 的随机数，再通过 "Math.random() * 5 + 5" 得到 5～10 的随机数，最后通过 round()方法进行四舍五入获得整数。

运行结果如图 9-3 所示。

产生的随机整数：7

图 9-3　获得 5～10 的随机整数运行结果

9.2.3　String 对象

String 对象对字符串进行操作，如截取一段子串、查找字符串/字符、转换大小写等等。String 对象常用的属性和方法分别如表 9-4、表 9-5 所示。

表 9-4　String 对象的属性

属　　性	描　　述
constructor	对创建该对象的函数的引用
length	字符串的长度
prototype	允许向对象添加属性和方法

表 9-5　String 对象的方法

方　　法	描　　述
charAt()	返回在指定位置的字符
charCodeAt()	返回在指定位置的字符的 Unicode 编码
concat()	连接两个或更多字符串，并返回新的字符串
fromCharCode()	将 Unicode 编码转为字符

续表

方　法	描　　述
indexOf()	返回某个指定的字符串值在字符串中首次出现的位置
includes()	查找字符串中是否包含指定的子字符串
lastIndexOf()	从后向前搜索字符串，并从起始位置(0)开始计算返回字符串最后出现的位置
match()	查找找到一个或多个正则表达式的匹配
repeat()	复制字符串指定次数，并将它们连接在一起返回
replace()	在字符串中查找匹配的子串，并替换与正则表达式匹配的子串
search()	查找与正则表达式相匹配的值
slice()	提取字符串的片断，并在新的字符串中返回被提取的部分
split()	把字符串分割为字符串数组
startsWith()	查看字符串是否以指定的子字符串开头
substr()	从起始索引号提取字符串中指定数目的字符
substring()	提取字符串中两个指定的索引号之间的字符
toLowerCase()	把字符串转换为小写
toUpperCase()	把字符串转换为大写
trim()	去除字符串两边的空白
toLocaleLowerCase()	根据本地主机的语言环境把字符串转换为小写
toLocaleUpperCase()	根据本地主机的语言环境把字符串转换为大写
valueOf()	返回某个字符串对象的原始值
toString()	返回一个字符串

【例 9-4】通过 Math 对象属性和方法获取 5～10 之间随机整数，程序代码如下：

```
<!doctype html>
<html>
  <head>
    <meta charset="UTF-8">
    <title>截取指定位置字符串</title>
  </head>
  <body>
<script type="text/javascript">
    var str = "好好学习，天天向上";
    var key = "学习";
    //先获取要截取的字符串的索引的位置
    var index = str.indexOf(key);
    //从指定的位置开始截取，截取两个即可
    str = str.substr(index, key.length);
    document.write(str);
```

```
    </script>
    </body>
    </html>
```

在上述代码中，第 12 行代码截取"学习"在"好好学习，天天向上"字符串的位置；再通过 substr() 截取"学习"两个字。

运行结果如图 9-4 所示。

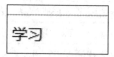

图 9-4　截取指定位置字符串运行结果

9.2.4　Array 数组对象

Array 数组对象用于在单个变量中存储多个值，JS 的数组是弱类型的，所以允许数组中含有不同类型的元素，数组元素甚至可以是对象或者其他数组。

1. 创建数组的三种方式

方式一：使用关键词 new 来创建数组对象。

```
var myStar =new Array();
myStar[0]="刘德华";
myStar[1]="成龙";
myStar[2]="林青霞";
myStar[3]="王菲";
document.write(myStar);
```

其中第一个数组元素的索引值为 0，第二个索引值为 1，以此类推。

方式二：基于方式一的简洁写法。

```
var myStar1=new Array("刘德华", "成龙", "林青霞", "王菲");
document.write(myStar1[2]);//访问数组，Arry[索引值]
```

方式三：对象字面量创建数组对象。

```
var myStar2=["刘德华", "成龙", "林青霞", "王菲"];
document.write(myStar2);
```

2. 数组对象的基本方法

Array 对象常用的属性和方法分别如表 9-6、表 9-7 所示。

表 9-6　Array 对象的属性

属　性	描　述
constructor	返回创建数组对象的原型函数
length	设置或返回数组元素的个数
prototype	允许向数组对象添加属性或方法

表 9-7　Array 对象的方法

方　　法	描　　述
concat()	连接两个或更多的数组，并返回结果
copyWithin()	从数组的指定位置拷贝元素到数组的另一个指定位置中
entries()	返回数组的可迭代对象
every()	检测数值元素的每个元素是否都符合条件
fill()	使用一个固定值来填充数组
filter()	检测数值元素，并返回符合条件所有元素的数组
find()	返回符合传入测试(函数)条件的数组元素
findIndex()	返回符合传入测试(函数)条件的数组元素索引
forEach()	数组每个元素都执行一次回调函数
from()	通过给定的对象中创建一个数组
includes()	判断一个数组是否包含一个指定的值
indexOf()	搜索数组中的元素，并返回它所在的位置
isArray()	判断对象是否为数组
join()	把数组的所有元素放入一个字符串
keys()	返回数组的可迭代对象，包含原始数组的键(key)
lastIndexOf()	搜索数组中的元素，并返回它最后出现的位置
map()	通过指定函数处理数组的每个元素，并返回处理后的数组
pop()	删除数组的最后一个元素并返回删除的元素
push()	向数组的末尾添加一个或更多元素，并返回新的长度
reduce()	将数组元素计算为一个值(从左到右)
reduceRight()	将数组元素计算为一个值(从右到左)
reverse()	反转数组的元素顺序
shift()	删除并返回数组的第一个元素
slice()	选取数组的一部分，并返回一个新数组
some()	检测数组元素中是否有元素符合指定条件
sort()	对数组的元素进行排序
splice()	从数组中添加或删除元素
toString()	把数组转换为字符串，并返回结果
unshift()	向数组的开头添加一个或更多元素，并返回新的长度
valueOf()	返回数组对象的原始值

下面介绍 Array 常用方法的使用。

(1) .concat()方法用于连接两个或多个数组。该方法不会改变现有的数组，仅会返回被连接数组的一个结果。例如：

```
var arry1=[1,2,3];
var arry2=[1];
```

```
var arry3=["Hi",true];
var arry4=arry1.concat(arry2,arry3);
document.write(arry4);//[1, 2, 3, 1, "Hi", true]
```

(2) .join() 方法用于把数组中的所有元素放入一个字符串。元素是通过指定的分隔符进行分隔的，默认使用"，"号分割。例如：

```
var arr=[1,6,8];
document.write(arr.join('/'));     //1/6/8
document.write(arr.join('-'));     //1-6-8
```

(3) .push() 方法可向数组的末尾添加一个或多个元素，并返回新的长度。末尾添加，返回的是长度，会改变原数组。例如：

```
var a =[9,8,5];
var b=a.push(2,1,1);
document.write(a);     //[9, 8, 5, 2, 1, 1]
document.write(b);     //6
```

(4) .pop() 方法用于删除并返回数组的最后一个元素。返回最后一个元素，会改变原数组。例如：

```
var c=[2,9,5];
document.write(c.pop());     //5
document.write(c);           //[2, 9]
```

(5) .shift() 方法用于把数组的第一个元素从其中删除，并返回第一个元素的值。返回第一个元素，改变原数组。例如：

```
var arr2=[4,5,6];
document.write(arr2.shift());     //4
document.write(arr2);             //[5, 6]
```

(6) .unshift() 方法可向数组的开头添加一个或更多元素，并返回新的长度。返回新长度，改变原数组。

```
var arr3=[4,6,8,9];
document.write(arr3.unshift(1,2));     //6
document.write(arr3);     // [1, 2, 4, 6, 8, 9]
```

(7) . slice()返回一个新的数组，包含从 start 到 end (不包括该元素)的 arrayObject 中的元素。

返回选定的元素，该方法不会修改原数组。

```
var arr4=[3,3,4,6]
document.write(arr4.slice(0,3));     //[3, 3, 4]
document.write(arr4);     //[3,3,4,6]
```

(8) .splice()方法向或从数组中添加或删除项目，然后返回被删除的项目，会改变原始数组。

格式：

例如：splice(从哪开始(index)，删除的个数，添加一个或多个元素)

```
var aa = [5,6,7,8];
document.write(aa.splice(1,0,9));        //[]
document.write(aa);      // [5, 9, 6, 7, 8]
var bb = [5,6,7,8];
document.write(bb.splice(1,2,3));        //[6, 7]
document.write(bb);      //[5, 3, 8]
```

(9) .substring() 和 .substr()方法用于截取字符串。例如：

```
var str = '123456789';
document.write("123456789".substr(2,5));         // "34567"
document.write("123456789".substring(2,5)) ;     // "345"
```

.substring 和.substr 区别：两个参数不同。例如：

```
substr(从哪开始，选取个数);
substring( 从哪开始，到哪结束);
```

(10) . sort()方法用于对数组的元素进行排序。例如：

```
var fruit = ['cherries', 'apples', 'bananas',1,2,10];
document.write(fruit.sort())      // [1, 10, 2, "apples", "bananas", "cherries"]
```

(11) . reverse()方法用于颠倒数组中元素的顺序。例如：

```
var arr = [2,3,4];
document.write(arr.reverse());        //[4, 3, 2]
document.write(arr);      //[4, 3, 2]
```

(12) .toLocaleString();toString()。

toLocaleString()方法把数组转换为本地字符串。toString() 方法可把数组转换为字符串，并返回结果。例如：

```
var myStar3=["刘德华","成龙","林青霞","王菲"];
var myStar4=["刘德华","成龙","林青霞","王菲"];
document.write(myStar3.toLocaleString());        //刘德华,成龙,林青霞,王菲
document.write(myStar4.toString());        //刘德华,成龙,林青霞,王菲
```

9.3　浏 览 器 对 象

BOM 浏览器对象模型，提供了独立于内容的、可以与浏览器窗口进行互动的对象结构。BOM 提供了很多对象，包括 Window、Navigator、Screen、History、Location 等。其中 Window 对象为顶层对象，其他对象都为 Window 对象的子对象。BOM 的核心对象是 window。

9.3.1　浏览器对象 navigator

navigator 对象包含的属性描述了正在使用的浏览器，可以使用这些属性进行平台专用的配置。只要是支持 JavaScript 的浏览器都能够支持 navigator 对象。navigator 对象常用属性和方法如表 9-8、表 9-9 所示。

表 9-8 navigator 对象常用的属性

属 性	说 明
appCodeName	返回浏览器的代码名
appName	返回浏览器的名称
appVersion	返回浏览器的平台和版本信息
cookieEnabled	返回指明浏览器中是否启用 cookie 的布尔值
platform	返回运行浏览器的操作系统平台
userAgent	返回由客户机发送服务器的 user-agent 头部的值

表 9-9 navigator 对象常用的方法

方 法	描 述
javaEnabled()	指定是否在浏览器中启用 Java
taintEnabled()	规定浏览器是否启用数据污点(data tainting)

【例 9-5】navigator 对象属性和方法的使用，程序代码如下：

```
<!doctype html>
<html>
  <head>
      <meta charset="UTF-8">
      <title>navigator 对象的使用</title>
  </head>
  <body>
  <script type="text/javascript">
      var appName=navigator.appName;//返回浏览器正式名称  均为 Netscape
      var appVersion=navigator.appVersion;//返回浏览器版本号
      var language=navigator.language;//返回浏览器的首选语言
      document.write("浏览器名称:" + appName + "<br>");
      document.write("浏览器版本号： " + appVersion + "<br>");
      document.write("浏览器的首选语言： " + language + "<br>");
  </script>
  </body>
</html>
```

运行结果如图 9-5 所示。

```
浏览器名称:Netscape
浏览器版本号 : 5.0 (Windows NT 6.1; Win64; x64) AppleWebKit/537.36 (KHTML, like Gecko) Chrome/76.0.3809.100 Safari/537.36
浏览器的首选语言 : zh-CN
```

图 9-5　navigator 对象属性和方法的使用运行结果

9.3.2　窗口对象 window

window 对象表示一个浏览器窗口或一个框架。在客户端 JavaScript 中，window 对象是全局对象，所有的表达式都在当前的环境中计算。也就是说，要引用当前窗口根本不需要特殊的语法，可以把那个窗口的属性作为全局变量来使用。例如可以只写 document，而不必写 window.document。

同样可以把当前窗口对象的方法当作函数来使用，如只写 alert()，而不必写 Window.alert()。

除了上面列出的属性和方法，Window 对象还实现了核心 JavaScript 所定义的所有全局属性和方法。

window 对象的 window 属性和 self 属性引用的都是它自己。当要引用当前窗口，而不仅仅是隐式地引用它时，可以使用这两个属性。除了这两个属性之外，parent 属性、top 属性以及 frame[] 数组都引用了与当前 window 对象相关的其他 window 对象。

window 对象常用属性和方法分别如表 9-10、表 9-11 所示。

表 9-10　window 对象常用的属性

属　　性	描　　述
closed	返回窗口是否已被关闭
defaultStatus	设置或返回窗口状态栏中的默认文本
document	对 document 对象的只读引用(请参阅对象)
frames	返回窗口中所有命名的框架。该集合是 window 对象的数组，每个 window 对象在窗口中含有一个框架
history	对 history 对象的只读引用。请参阅 history 对象
innerHeight	返回窗口的文档显示区的高度
innerWidth	返回窗口的文档显示区的宽度
localStorage	在浏览器中存储 key/value 对。没有过期时间
length	设置或返回窗口中的框架数量
location	用于窗口或框架的 location 对象。请参阅 location 对象
name	设置或返回窗口的名称
navigator	对 navigator 对象的只读引用。请参阅 navigator 对象
opener	返回对创建此窗口的引用
outerHeight	返回窗口的外部高度，包含工具条与滚动条
outerWidth	返回窗口的外部宽度，包含工具条与滚动条
pageXOffset	设置或返回当前页面相对于窗口显示区左上角的 X 位置
pageYOffset	设置或返回当前页面相对于窗口显示区左上角的 Y 位置
parent	返回父窗口
screen	对 screen 对象的只读引用。请参阅 screen 对象
screenLeft	返回相对于屏幕窗口的 x 坐标

续表

属　性	描　　述
screenTop	返回相对于屏幕窗口的 y 坐标
screenX	返回相对于屏幕窗口的 x 坐标
sessionStorage	在浏览器中存储 key/value 对。 在关闭窗口或标签页之后将会删除这些数据
screenY	返回相对于屏幕窗口的 y 坐标
self	返回对当前窗口的引用。等价于 window 属性
status	设置窗口状态栏的文本
top	返回最顶层的父窗口

表 9-11　window 对象常用的方法

方　法	描　　述
alert()	显示带有一段消息和一个确认按钮的警告框
atob()	解码一个 base-64 编码的字符串
btoa()	创建一个 base-64 编码的字符串
blur()	把键盘焦点从顶层窗口移开
clearInterval()	取消由 setInterval() 设置的 timeout
clearTimeout()	取消由 setTimeout() 方法设置的 timeout
close()	关闭浏览器窗口
confirm()	显示带有一段消息以及确认按钮和取消按钮的对话框
createPopup()	创建一个 pop-up 窗口
focus()	把键盘焦点给予一个窗口
getSelection()	返回一个 Selection 对象，表示用户选择的文本范围或光标的当前位置
getComputedStyle()	获取指定元素的 CSS 样式
matchMedia()	该方法用来检查 media query 语句，它返回一个 MediaQueryList 对象
moveBy()	可相对窗口的当前坐标把它移动指定的像素
moveTo()	把窗口的左上角移动到一个指定的坐标
open()	打开一个新的浏览器窗口或查找一个已命名的窗口
print()	打印当前窗口的内容
prompt()	显示可提示用户输入的对话框
resizeBy()	按照指定的像素调整窗口的大小
resizeTo()	把窗口的大小调整到指定的宽度和高度
scroll()	已废弃。 该方法已经使用了 scrollTo() 方法来替代
scrollBy()	按照指定的像素值来滚动内容
scrollTo()	把内容滚动到指定的坐标
setInterval()	按照指定的周期(以毫秒计)来调用函数或计算表达式
setTimeout()	在指定的毫秒数后调用函数或计算表达式
stop()	停止页面载入

(1) window 对象的基本使用。

【例 9-6】window 对象的基本使用方法，程序代码如下：

```
<!doctype html>
<html>
  <head>
      <meta charset="UTF-8">
      <title>window 对象的使用</title>
  </head>
  <body>
      <script type="text/javascript">
          var width = window.innerWidth;    //获取文档显示区域宽度
          var height = innerHeight;    //获得文档显示区域高度(省略 window)
          window.alert(width+"*"+height);
      </script>
  </body>
</html>
```

运行结果如图 9-6 所示。

此网页显示

1366*667

确定

图 9-6　window 对象的使用运行结果

在上述代码中，用于输出文档显示区域的宽度和高度。当浏览器窗口大小改变时，刷新页面，输出的数值就会发生改变。

(2) 打开和关闭窗口。

【例 9-7】打开和关闭窗口的基本使用方法，程序代码如下：

```
<!doctype html>
<html>
  <head>
      <meta charset="UTF-8">
      <title>打开和关闭窗口的使用</title>
  </head>
  <body>
    <script type="text/javascript">
        var myWindow;
        function oppenNewWin() {
            //打开窗口
    myWindow=window.open("example01.html","myWindow","width=200,height=150,top=200,left
=100");
```

```
        }
        function closeNewWin() {
               //关闭窗口
               myWindow.close();
        }
    </script>
    <input type="button" value="打开新窗口" onclick="oppenNewWin()"><br>
    <input type="button" value="关闭窗口" onclick="closeNewWin()">
  </body>
</html>
```

在上述代码中，第 12 行表示打开一个新窗口，并使新窗口访问 example.01.html。由于 myWindow 是全局变量，因此第 16 行代码是关闭打开的新窗口。

运行结果如图 9-7 所示。

图 9-7　打开新窗口前运行结果

当单击"打开新窗口"超链接后，运行结果如图 9-8 所示。

图 9-8　打开新窗口后运行结果

(3) setTimeout()定时器的使用。

setTimeout()是属于 window 的方法，该方法用于在指定的毫秒数后调用函数或计算表达式。

语法格式为以下两种：

setTimeout(要执行的代码，等待的毫秒数)

setTimeout(JavaScript 函数，等待的毫秒数)

接下来我们先来看一个简单的例子：

setTimeout("alert('对不起，要你久候')"，3000)

在以上代码中我们可以看到网页在开启 3 s 后，就会出现一个 alert 对话框。

setTimeout() 是设定一个指定等候时间 (单位是千分之一秒，millisecond)，时间到了，浏览器就会执行一个指定的语句，如图 9-9 所示。

图 9-9　setTimeout 的使用

(4) setInterval()定时器的使用。

setInterval() 方法可按照指定的周期(以毫秒计)来调用函数或计算表达式。

setInterval() 方法会不停地调用函数，直到 clearInterval() 被调用或窗口被关闭。由 setInterval() 返回的 ID 值可用作 clearInterval() 方法的参数。通常在网页上显示时钟、实现网页动画、制作漂浮广告等。

提示：　1000 ms= 1 s。如果只想执行一次就可以使用 setTimeout() 方法。

【例 9-8】setInterval 的使用。

```html
<!doctype html>
<html>
  <head>
      <meta charset="UTF-8">
      <title>取消定时器</title>
  </head>
  <body>
    <script type="text/javascript">
        function showTime() {
            var now = new Date();
            var dataTime = now.toLocaleTimeString();
            time = document.getElementById("time");
            time.innerHTML = dataTime;
        }
        var timer = window.setInterval("showTime()",1000);
        function clear() {
            window.clearInterval(timer);
            window.status="已取消定时器";
        }
    </script>
    <div id="time"></div>
    <p><a href="javascript:clear()">取消定时器</a></p>
  </body>
</html>
```

在上述代码中，第 9~14 行代码用于在浏览器显示当前时间，其中第 12 行代码使用 document.getElementById("time")获取 id 属性为"time"的元素对象，这里了解即可。第 15

行代码将定时器设置为 1s 更新一次时间，第 16～19 行代码用于清除定时器。toLocaleTimeString()方法用于获取本地环境字符串。

运行结果如图 9-10 所示。

下午8:03:54

取消定时器

图 9-10　setInteral 的使用运行结果

图 9-10 中的时间会随着系统时间的变化 1 s 更新一次，当单击"取消定时器"的超链接后，时间不再更新。

9.3.3　位置对象 location

location 对象包含有关当前 URL 的信息。location 对象是 window 对象的一部分，可通过 window.location 属性对其进行访问。location 对象常用属性和方法分别如表 9-12、表 9-13 所示。

表 9-12　location 对象常用的属性

属　　性	描　　述
hash	返回一个 URL 的锚部分
host	返回一个 URL 的主机名和端口
hostname	返回 URL 的主机名
href	返回完整的 URL
pathname	返回的 URL 路径名
port	返回一个 URL 服务器使用的端口号
protocol	返回一个 URL 协议
search	返回一个 URL 的查询部分

表 9-13　location 对象常用的方法

方　　法	说　　明
assign()	载入一个新的文档
reload()	重新载入当前文档
replace()	用新的文档替换当前文档

在使用 location 对象时，可以通过"location"或"window.location"表示该对象。下面通过示例代码来演示 location 对象的使用方法，具体如下：

```
location.href = "https://www.baidu.com";
```

当上述代码执行后，当前页面将会跳转到"https://www.baidu.com"这个 URL 地址。

9.3.4　历史对象 history

history 对象记录了用户曾经浏览过的网页(URL)，并可以实现浏览器前进与后退相似导航的功能。history 对象常用方法如下：

(1) history.back() ：与在浏览器中单点击后退按钮相同；

(2) history.forward()：与在浏览器中单击向前按钮相同。

【例 9-9】实现浏览器的前进或后退的控制，程序代码如下：

```html
<!doctype html>
<html>
  <head>
      <meta charset="UTF-8">
      <title>浏览器的前进与后退</title>
  </head>
  <body>
    <script>
        function goBack() {
            window.history.back()
        }
        function goForward() {
            window.history.forward();
        }
    </script>
    <input type="button" value="后退" onclick="goBack()">
    <input type="button" value="前进" onclick="goForward()">
  </body>
</html>
```

9.3.5　屏幕对象 screen

screen 对象用于获取用户计算机的屏幕信息，例如屏幕分辨率、颜色位数等。screen 对象的常用属性如表 9-14 所示。

表 9-14　screen 对象常用的属性

属　　性	说　　明
width、height	屏幕的宽度和高度
availWidth、availHeight	屏幕的可用宽度和可用高度(不包括 windows 任务栏)
colorDepth	屏幕的颜色位数

表 9-14 中列举了 screen 对象的常用属性。在使用时可以通过"screen"或"window.screen"表示该对象。下面通过一段示例代码，对 screen 对象的使用方法做具体演示。

```
//获得屏幕分辨率
var width = screen.width;
var height = screen.height;
//判断屏幕分辨率
if(width<800||height<600){
    alert("您的屏幕分辨率不足 800×600，不适合浏览本页面");
}
```

上述代码实现了当用户的屏幕分辨率低于 800×600 时，弹出警示框以提醒用户。

9.3.6　文档对象 document

document 对象包括当前浏览器窗口或框架区域中的所有内容，包含文本域、按钮、单选按钮、复选框、下拉框、图片和链接等 HTML 页面可访问元素，但不包含浏览器的菜单栏、工具栏和状态栏。document 对象提供多种方式获得 HTML 元素对象的引用。JavaScript 的输出可以通过 document 对象实现。document 对象的常用属性和方法如表 9-15 所示。

表 9-15　document 对象的常用属性和方法

属性/方法	说　　明
body	访问<body>元素
lastModified	获得文档最后修改的日期和时间
referrer	获得该文档的来路 URL 地址，当文档通过超链接被访问时有效
title	获得当前文档的标题
write()	向文档写 HTML 或 JavaScript 代码

在使用时，通过"document"或"window.document"即可表示该对象。

9.4　事　件　处　理

事件(Event)是 JavaScript 应用跳动的心脏，也是把所有东西粘在一起的胶水，当我们与浏览器中的 Web 页面进行某些类型的交互时，事件就发生了。

事件可能是用户在某些内容上的点击、鼠标经过某个特定元素或按下键盘上的某些按键，事件还可能是 Web 浏览器中发生的事情，比如说某个 Web 页面加载完成，或者是用户滚动窗口或改变窗口大小。事件是文档或浏览器中发生的特定交互的瞬间。通过使用 JavaScript，你可以监听特定事件的发生，并规定让某些事件发生以对这些事件做出响应。

9.4.1　事件处理概述

事件就是用户或者浏览器自身执行的某种动作。诸如 click、load 和 mouseover，都是事件的名字。而响应某个事件的函数就叫事件处理程序。事件处理程序的名字以"on"开头，比如 click 事件的事件处理程序是 onclick。为事件指定事件处理程序的方式有多种。

　　JavaScript 事件处理程序就是一组语句,在事件(如点击鼠标或移动鼠标等)发生时执行,事件处理程序的基本语法如下:

　　　　事件名=" JavaScript 代码或调用函数"

　　例如:

　　　　<input type="button" onclick="alert('单击我! '); ">

　　　　<input type="button" onmouseDown="check( ) ">

表示鼠标按下时,将调用执行函数 check( ) 。

9.4.2　HTML 元素常用事件

　　事件的产生和响应都是由浏览器来完成的,而不是由 HTML 或 JavaScript 来完成的。使用 HTML 代码可以设置哪些元素响应什么事件,这些都可以通过 JavaScript 来对浏览器进行处理。但是不同的浏览器所响应的事件有所不同,相同的浏览器在不同版本中所响应的事件同样会有所不同。

　　如表 9-16 所示是一些常见的 HTML 事件。

表 9-16　常见的 HTML 事件

事件名	说　　明
onclick	鼠标单击
onchange	文本内容或下拉菜单中的选项发生改变
onfocus	获得焦点,表示文本框等获得鼠标光标
onblur	失去焦点,表示文本框等失去鼠标光标
onmouseover	鼠标悬停,即鼠标停留在图片等的上方
onmouseout	鼠标移出,即离开图片等所在的区域
onmousemove	鼠标移动,表示在<div>层等上方移动
onload	网页文档加载事件
onsubmit	表单提交事件,如果返回值为 true,则提交表单,反之取消提交
onmousedown	鼠标按下
onmouseup	鼠标弹起

　　(1) onclick 事件。

　　onclick 是鼠标单击事件,当在网页上单击鼠标时,就会发生该事件,同时 onclick 事件调用的程序块就会被执行。onclick 事件通常与按钮一起使用。

　　【例 9-10】onclick 事件应用,程序代码如下:

```
<!doctype html>
<html>
    <head>
        <meta charset="UTF-8">
        <title>onclick 事件</title>
    </head>
```

```
<body>
<script type="text/javascript">
    function show() {
        alert("调用成功！");
    }
</script>
<form>
    <input name="button" type="button" value="点我" onclick="show()" />
</form>
</body>
</html>
```

在上述代码中第 14 行代码设置了一个按钮，单击按钮时会调用 show()函数，这时就会执行 show()函数，弹出弹窗。

运行结果如图 9-11 所示。

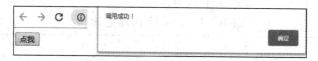

图 9-11　onclick 事件运行结果

(2) onfocus 和 onblur 事件。

在 html 网页中，诸如按钮、文本框等可视元素都具有获得和失去焦点的事件，这些事件在响应鼠标或键盘动作时都可激发预设的操作。

【例 9-11】onfocus 和 onblur 的应用，程序代码如下：

```
<!doctype html>
<html>
  <head>
      <meta charset="UTF-8">
      <title>onfocus 和 onblur 事件</title>
  </head>
  <body>
      <form name="test">
          用户名：<input id="inp" type="text" value="" onfocus="jd()" onblur="lk()" >
          <span id="sp"></span>
          <br>
          密码：<input id="mm" type="password" value="" >
      </form>
      <script type="text/javascript">
          function jd() {
              document.getElementById("sp").innerHTML = "请输入 4-6 位字符";
              document.getElementById("sp").style.color = "gainsboro";
```

```
        }
        function lk(){
            var yhm = document.getElementById("inp").value;
            if(yhm.length<4||yhm.length>6){
                document.getElementById("sp").innerHTML = "输入有误";
                document.getElementById("sp").style.color = "red";
            }
        }
    }
    </script>
    </body>
    </html>
```

在上述代码中，第 15～18 行代码用于定义获得输入框焦点后给出相应的文字提示以及设置文字颜色，第 19～25 行代码用于定义失去焦点后判断是否输入正确，并且给出错误的提示以及提示语颜色的变化。

运行结果如图 9-12 所示。

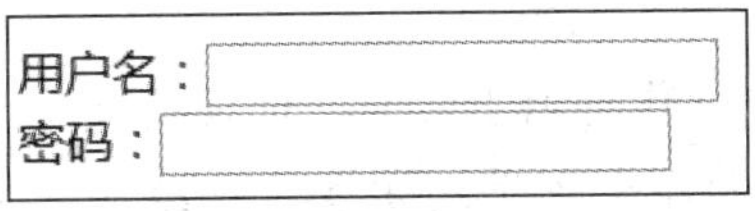

图 9-12　onfocus 和 onblur 事件运行结果

当单击用户名输入框，其给出灰色提示语"请输入 4-6 位字符"，表示正在输入状态，如图 9-13 所示。

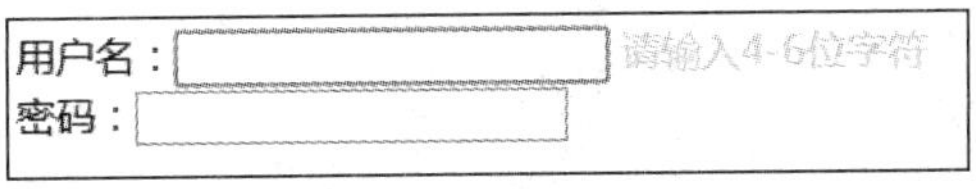

图 9-13　获得焦点

当鼠标单击文本框以外的地方，文本框会因为失去焦点，而去判断用户名输入框的内容，并且给出相应的红色文本提示，如图 9-14 所示。

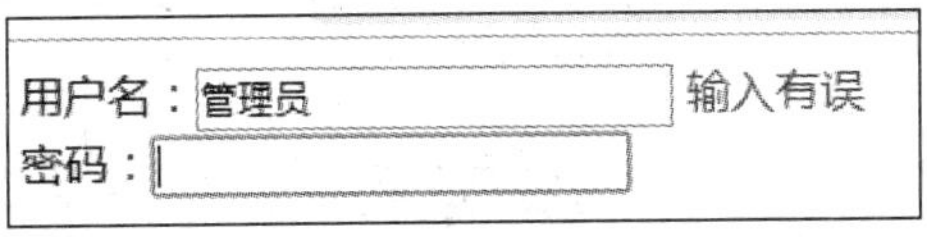

图 9-14　失去焦点

(3) onmouseover 和 onmouseout 事件。

鼠标指针移动到指定对象上会触发 onmouseover 事件。鼠标指针离开指定对象上会触发 onmouseout 事件。二者非常相似，只是具体的触发动作正好相反。

【例 9-12】onmouseover 和 onmouseout 事件，程序代码如下：

```
<!doctype html>
<html>
    <head>
        <meta charset="UTF-8">
        <title>onmouseover 和 onmouseout 事件</title>
```

```
        </head>
        <body>
            <script type="text/javascript">
                function mouseOver() {
                    document.getElementById('div1').style.border = "1px solid red";
                }
                function mouseOut() {
                    document.getElementById('div1').style.border = "1px solid black";
                }
            </script>
            <div id="div1" style="width:200px;border:1px solid black;" onmouseover="mouseOver()"
onmouseout="mouseOut()" >
                <p style="line-height:2em;text-align:center;">我在这里</p>
            </div>
        </body>
    </html>
```

在上述代码中，第 9～11 行代码用于定义鼠标移动到 id 名为"div1"的框内，修改边框颜色为红色，第 12～14 行代码用于定义鼠标移出到 id 名为"div1"的框外，修改边框颜色为黑色。

运行结果如图 9-15 所示。

图 9-15　onmouseover 和 onmouseout 事件运行结果

此时移动鼠标到黑色边框内，边框颜色变为红色，效果如图 9-16 所示。

图 9-16　鼠标移动到边框内效果

鼠标移出边框，边框的颜色变为黑色，效果如图 9-17 所示。

图 9-17　鼠标移出到边框外效果

本 章 小 结

本章重点介绍了 JavaScript 变成常用内置对象、浏览器对象以及常用事件的处理，事件驱动程序是 JavaScript 程序的重点，广泛应用于其他编程语言中，可以使用户在浏览网页的同时，还可以与网页进行交互。

项 目 实 训

一、选择题

1．创建对象使用的关键字是(　　　)。

A．function　　　　B．new　　　　C．var　　　　D．String

2．获取系统当前日期和时间的方法是(　　　)。

A．new Date();　　　　B．new now();

C．now();　　　　D．Date();

3．将 Array 对象中的元素值进行输出的方法是(　　　)。

A．用下标获取指定元素值　　　　B．用 for 语句获取数组中的元素值

C．用数组对象名输出所有元素值　　　　D．以上 3 种方法都可以

4．下面(　　　)不是鼠标键盘事件。

A．onclick 事件　　　　B．onmouseover 事件

C．oncut 事件　　　　D．onkeydown 事件

5．当前元素失去焦点并且元素的内容发生改变时触发事件使用(　　　)。

A．onfocus 事件　　　　B．onchange 事件

C．onblur 事件　　　　D．onsubmit 事件

二、实践题

1．应用 JavaScript 的日期对象获取系统的当前日期和时间，并进行测试。

2．应用 Array 对象中的 length 属性获取已创建的字符串对象的长度，并输出长度值。

参 考 文 献

[1]　高婷婷，韩金玉，薛芳. 网页设计与制作教程. 北京：清华大学出版社，2015.

[2]　申红雪. 网页设计与制作. 北京：北京理工大学出版社，2009.

[3]　陈承欢. HTML5+CSS3 跨平台网页设计实例教程. 北京：清华大学出版社，2018.

[4]　王艳芳. Dreamweaver 实例教程. 北京：电子工业出版社，2010.

[5]　储久良. WEB 前端开发技术实验与实践. 3 版. 北京：清华大学出版社，2018.

[6]　李雨亭，吕婕，王泽璘. JavaScript+jQuery 程序开发实用教程. 北京：清华大学出版社，
　　 2016.